图说苹果高光效简易修剪法

石海强　杜纪壮　主编

中国科学技术出版社
·北　京·

图书在版编目（CIP）数据

图说苹果高光效简易修剪法 / 石海强，杜纪壮主编 . —北京：中国
科学技术出版社，2020.5

ISBN 978-7-5046-8409-7

Ⅰ. ①图… Ⅱ. ①石… ②杜… Ⅲ. ①苹果—修剪—图解
Ⅳ. ① S661.105-64

中国版本图书馆 CIP 数据核字（2019）第 225635 号

策划编辑	刘　聪	
责任编辑	刘　聪	
装帧设计	中文天地	
责任校对	焦　宁	
责任印制	徐　飞	

出　　版	中国科学技术出版社	
发　　行	中国科学技术出版社有限公司发行部	
地　　址	北京市海淀区中关村南大街 16 号	
邮　　编	100081	
发行电话	010-62173865	
传　　真	010-62173081	
网　　址	http://www.cspbooks.com.cn	

开　　本	889mm×1194mm　1/32	
字　　数	112 千字	
印　　张	4.75	
版　　次	2020 年 5 月第 1 版	
印　　次	2020 年 5 月第 1 次印刷	
印　　刷	北京华联印刷有限公司	
书　　号	ISBN 978-7-5046-8409-7 / S·757	
定　　价	38.00 元	

主　编

石海强　杜纪壮

副主编

秦立者　杨素苗

编著者

（按姓氏笔画为序）

尹素云　尼群周　石海强
杜纪壮　季文章　杨素苗
段鹏伟　徐国良　秦立者
唐甜绮　谢春梅

Preface 前言

　　整形修剪是苹果生产中的一项重要技术，是在不违背树体自然生长发育规律的原则下，通过人为措施迅速扩冠，培养和维持一定的树形，保持树势平衡；合理配置各级骨干枝及枝组，充分利用空间，改善光照条件，增强植株光合作用；调整树体生长和结果的关系，达到早结果、早丰产和连年优质丰产的目的。

　　过去的苹果栽培模式培养的结果树形结构复杂，树冠高大，叶幕层厚，易造成果园郁闭、树冠下部和内膛光照通风不良、光合作用低下、功能无效枝叶多、花芽分化不良、果实着色差、品质下降等问题。随着生活水平的提高，人们对苹果外观质量、内在品质的要求更高，为了实现优质、丰产、高效的目的，目前苹果整形修剪技术更加注重对高光效树体结构和群体结构的培养，利用较小的树冠、较薄的叶幕，简化树体结构和修剪手法，使果园通风透光良好，枝枝见光，果实着色好，产量与品质高。目前的整形修剪技术容易掌握，省工省力，更加适应苹果园规模化、机械化、集约化发展的要求。

　　本书根据当前苹果现代栽培模式的需要和高光效树形整形修剪中存在的问题，进行了针对性的讲述和解答。例如，修剪方法的综合运用，高光效树形的成形过程，结果枝组的培养与修剪，整形修剪中常见问题及解决办法，苹果郁闭园改造技术，不同类型苹果树的修剪等。本书图文并茂，文字通俗易懂，技术实用，可操作性强，适合苹果种植者、农业技术推广者及农林院校相关专业师生阅读参考。

由于作者水平所限，书中难免存有不足之处，敬请广大读者批评指正。

Contents 目录

图说苹果高光效简易修剪法

第一章
概　述

一、整形修剪的目的

整形修剪是苹果生产中的一项重要技术，是在遵循树体自然生长发育规律的原则下，通过人工措施迅速扩冠，培养和维持一定的树形，保持树势平衡；合理配置各级骨干枝及枝组，充分利用空间，改善光照条件，增强光合作用；调整生长和结果的关系，达到早结果、早丰产和连年优质丰产的目的。

二、整形修剪的原则

修剪时，应以有利于早结果、优质、稳产，以及便于机械化和人工作业为原则。

1. 当前与长远相结合　苹果树修剪是否适当，对幼树结果早晚、产量高低和结果年限的长短都有一定影响。在整形修剪时，要做到既考虑长远又照顾当前。如扩冠期和压冠期的树，应以培养树形为主，但又要有利于早结果，着重促进生长，增加枝量，为以后丰产打下良好的基础；不能只顾早结果，造成树体结构不良，骨架不牢。反之，若片面强调整形忽视早结果，则不利于早期经济效益的提高，容易造成果园郁闭。

2. 轻剪与重剪相结合　修剪轻重一般用剪下来的枝量占修剪前树体总枝量的比率，即修剪量来衡量。实践证实，修剪量大有利于骨干枝的生长，而修剪量小则有利于结果。修剪要轻重结合指同一株树的不同年龄阶段和同一株树的不同部位在修剪时都要有轻有重。如一般情况下扩冠期用短截重剪法，最后一年扩冠期及压冠期则采用长放的修剪方法，丰产期采用放缩结合的轻剪法。

3. 冬剪与夏剪相结合　夏剪是指在冬季整形修剪的基础上，于春、夏、秋三季对树体进行局部调控的总称。在苹果的年生长周期中，夏剪技术主要有：萌芽前对冬剪的长放枝进行多道环刻，解决长放修剪时造成的长枝基部光秃问题；春季花前复剪，疏除冬剪时留下的过多花芽；5月份控制直立新梢的旺长、疏花疏果等；6月份促进花芽形成；7—8月份拉枝开角；8—9月份适度秋剪，改善光照条件，促果实上色等。这些措施可以解决冬剪时遗留下的或冬剪不能解决的问题，并可减小冬剪的负面作用，降低冬剪的工作量。

4. 因地制宜，因树制宜　由于砧木、树龄、树势及立地条件等的差异，即使在同一园片内，树体间生长状况也不相同。因此，在整形修剪时，既要有树形要求，又要根据不同的单株生长状况灵活掌握，随枝就势，因势利导，诱导成形，做到有形不死、活而不乱，绝不可生搬硬套，机械做形，导致修剪过重，延迟结果等。

三、整形修剪的发展趋势

苹果的整形修剪主要向省力化、简约化、优质化方向发展，主要表现在以下3个方面。

1. 树体结构简化 过去主要采用乔砧稀植的栽培模式，其树体结构复杂，成形周期长，早果性差；树冠高大，主枝粗大，主枝上着生侧枝、侧枝上着生分侧枝等，级次有 4 ~ 5 级，修剪时错综复杂，一旦处理不当就会造成结构混乱，较难掌握。随着乔砧密植栽培模式的推广，树体采用较小树冠，主枝上一般不着生侧枝，直接着生大、中、小型结果枝组，级次相应减少。现在推广的矮化密植栽培，优点为树形成形快，早果早丰；树冠更加细小，结构更加简化，级次更少，便于机械化作业。以疏散分层形和高纺锤形为例，疏散分层形有树干、主枝、侧枝和枝组4级结构（图1-1），培养成形需5 ~ 7年，消耗营养较多；而高纺锤形只有树干和枝组2级结构（图1-2），在中心干上直接着生中、小结果

▲ 图1-1 疏散分层形树体

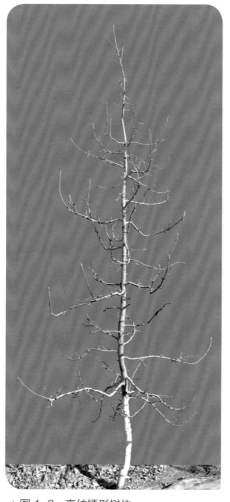

▲ 图1-2 高纺锤形树体

枝组，结构简化，级次少，培养成形只需2～3年，成形快，早果早丰，且枝组紧凑分布于骨干枝周围，树冠瘦长，利于机械化作业。

2. **叶幕变薄** 过去的大冠和中冠树形，树冠由2～3层或更多层叶幕组成，叶幕较厚，达3～7米，如疏散分层形有2～3层叶幕，自由纺锤形虽然枝叶不分层，但是盛果期以后叶幕厚达3米以上。这样的树形树冠下部和内膛光照通风不良，光合作用低下，无效功能的枝叶较多，易造成花芽分化不良、枝条细弱甚至枯死、果实难以着色、品质低下等问题。现在推广的细长纺锤形、高纺锤形、高干单层开心形（图1-3）等树形的叶幕均为较薄的一层，厚度只有1～2米，冠内及果园通风透光良好，枝枝见光，光能利用率高，果实着色好，产量与品质高。

▲ 图1-3 单层开心形

3. 修剪手法简易　生产上普遍应用的修剪方式有短截、回缩、疏间、长放、拉枝、扭梢、摘心、刻剥等。传统的修剪方法须考虑芽的位置、方向、饱满程度等，枝的位置、角度、长度、强弱、主从关系等，修剪技术复杂，难以掌握，费工费时。以疏散分层形为例，主枝和侧枝在配置上有长度、粗度、数量、方向、位置的要求，整形时主要利用短截的轻重、留枝的长短、剪口芽的方向和饱满程度来调节各枝的主从关系和平衡树势，整形修剪技术十分复杂。

如今，修剪方法大大简化，如高纺锤形中心干上直接着生结果枝组，没有主枝和侧枝，修剪时主要以枝组为单位进行疏间和长放，衰老后才回缩或极重短截进行更新。这些枝组间没有主从之分，不用考虑它们的主从关系；树体对修剪的反应不敏感，不用考虑剪口芽的位置、方向和饱满程度。现在的修剪技术简单易学，修剪速度可提高2～3倍，省力省工。

第二章
整形修剪与光能高效利用

　　光照与花芽形成、坐果、果实品质和树体生长关系密切。光照充足时，果树枝叶生长健壮，可改善树体的营养状况，促进花芽分化和坐果，提高果实产量，增进果实色、香、味，提高果实耐贮性，提升果实品质。

　　果树受光不良，对花芽形成和发育均有不良影响。光照不足会引起结果不良，坐果率低，果实发育中途停止、落果等现象。据调查，苹果树内膛光照不足，坐果率与外围枝相比可减少16%～40%。此外，光对果实品质的影响也较明显，如在通风透光条件下，果实着色较好，含糖量和维生素C含量高，酸度低，耐贮性好。果实重量也受光照影响，在50%以下光照时，果实重量变小。光照不足，树体表现徒长或黄化，根系生长不良，抗旱抗寒能力差，不能顺利越冬。光照过强会引起日灼，尤以大陆性气候、沙地和昼夜温差剧变等条件下更易发生。叶和枝经强光照射后，叶片高温耐受性可提高5～10℃，树皮提高10～15℃。当树干遭受50℃以上或40℃持续2小时，即会发生日灼。日灼与光强、树势、树体结构、树冠部位和枝叶量等密切相关，树势强则发生少，枝干暴露则易发生，故树体管理时应增强树势，利用自身枝叶保护枝干，防止日灼的发生。

一、树体结构、群体结构与光能利用

光照在树体上，不会全都被利用：一部分被树体反射出去，一部分从树冠透射到地面上，一部分落在树的非光合器官上。果树对光的利用取决于树体结构和群体结构。

1. **树体结构**　树体结构是指单株树的树冠大小、形状等生长状态，具体表现在树冠、树高、干高、叶幕厚度等方面。

（1）树冠大小　树冠大成形较慢，大枝干多时，不利于早期丰产且内膛的果实品质较差。树冠也不是越小越好，树冠过小会增加每亩植株数，增加建园成本，且控冠困难。

（2）树冠形状　树冠形状大体分为半圆形、扁形和水平形。扁形和水平形树冠内外受光良好，半圆形树冠一般内膛受光不良。疏散分层形和自由纺锤形树冠为半圆形，细长纺锤形和高纺锤形树冠为扁形，高干单层开心形树冠为水平形。

（3）树冠分层　树冠较大时，分层有利于下层通风透光，但层数较多或上层枝量较大时仍会使下层光照不良。

（4）树高　树冠过高会增加田间操作难度，影响邻行光照条件，且抗风能力降低。苹果一般适宜的树高为 3～4 米。

（5）干高　干高较低，通风透光差，最下层果实易受地面湿热的影响，且不利于地面田间管理；干高较高，地面作业方便，但树高会相应增加。苹果适宜的干高为 70～80 厘米。

（6）叶幕厚度　叶幕是树冠枝叶的集中分布区。苹果树叶幕

厚度影响冠内光照、叶片光合性能、叶面积系数、产量和果实品质。河北省农林科学院石家庄果树研究所通过试验认为：树冠叶幕上层或外层接受到的阳光多，光照充足，树冠透光率高，平均单果重大，果面光洁，着色好，可溶性固形物含量高。越向下或向内，随着叶幕的增厚，叶片接受到的光照逐渐减少，坐果数量先增加后下降，平均单果重和可溶性固形物含量降低，果面光洁度和着色变差，果实品质降低。研究发现，苹果树采用半圆形和水平形树冠的适宜叶幕厚度为 200 ~ 230 厘米，采用扁形树冠的叶幕则为160 ~ 190 厘米。

树形不同则树体结构不同。与细长纺锤形相比，自由纺锤形的树冠更大，骨干枝较大、数量较少，枝叶量较大，叶幕较厚。

冠径较大的树体，如采用自由纺锤形的乔砧普通型苹果树，光量由冠外向冠内递减。树冠最内层光量在 30% 以下时，叶片光合能力低、枝条细弱、花芽分化不良、果实着色差，而在受光量为 60% 以上的树冠外围的果实则着色良好。冠径较小的细长纺锤形，树冠内外均受光良好，叶片光合能力强，产量高，果实品质好。

2. **群体结构**　单株果树连成行、连成片就形成了群体，群体结构反映了成片果树的生长状态，具体表现在株行距、树冠覆盖率、枝叶量等方面。

（1）株行距　在单个树冠大小一定的情况下，株行距大，全园树冠截获的光量少；株行距小，全园树冠截获的光量多；株行距过小，树冠下部透光率低，果园郁闭，且田间操作不便。

（2）树冠覆盖率　树冠覆盖率小时截获的光量少，树冠覆盖率大时截获的光量多。

（3）枝叶量　亩枝量太大，果园郁闭；枝量太少，光能利用率低，单位面积产量低。乔砧普通型苹果适宜留枝量为每亩8万～9万个，矮砧苹果园适宜留枝量为每亩6万～7万个。

栽植密度小、树冠间距大的果园，树冠截获的光能少，光能利用率低，产量低。栽植密度大、树冠间距小的果园，树冠截获的光能多，产量高。树冠截获光量与树体通风透光存在着矛盾。如矮砧密植苹果，较密植的受光量为70%，亩产可达4 800千克，而较稀植的受光量为50%，亩产2 800千克，但受光量并非越大越好，当超过一定限度后，产量反而降低。采用冠径较大树体结构的苹果园，在栽植密度大时，群体结构表现为树冠搭接，树冠覆盖率较大，叶幕层过厚，亩枝量较多。树冠截获的光能虽然多，但过厚的叶幕使树冠下部和内膛的光照不足，通风透光不良，导致果园郁闭，产量低，果实品质差。

二、整形修剪与光能利用

依据苹果的生长发育习性进行整形修剪，可以培养合理的树体结构和群体结构，充分利用光照。但是，修剪不当会造成树体结构不合理，通风透光不良。例如，一些矮砧密植园由于修剪过轻，保留主枝太多，分枝太大（从属关系不分），致使树形紊乱，外围枝条密布，内膛枝条细弱；主枝如果生长角度过小，短截过重则会造成主枝延伸过长，树冠交叉，果园郁闭。对郁闭果园可以进行树体改造，通过落头、提干、疏间大枝等修剪措施减少叶幕层厚度，或采取拉枝开角、回缩换头等修剪措施控制树冠扩张，使树体通风透光，提高光能利用率。据河北省农林科学院石家庄果树研究所调查：乔砧普通型红富士若保持株行距 3 米 × 5 米、采用自由纺锤形，则树冠覆盖率达 91.8%，叶幕层厚度 296 厘米，亩枝量达 14 万个，超过叶幕厚度 200 厘米的下部树冠透光率小于 30%。通过提干、落头来降低树高，改树形为高干单层开心形后，树冠覆盖率仍达 90% 以上，但叶幕层厚度减少至 220 厘米，亩枝量减少至 9 万个，树冠下部透光率大于 30%。

第三章

整形修剪的基本知识

一、苹果树体结构组成

苹果树由树干和骨干枝构成基本骨架，骨架上着生结果枝组，结果枝组由2个以上枝条（结果枝和营养枝）组成，枝条上着生芽，芽抽枝长叶、开花结果（图3-1）。

树干由主干和中心干组成。主干是指从地面到第一主枝着生处的一段树干。中心干也叫中央领导干，是指位于树冠中心，由着生第一主枝到最上一个主枝处的树干。有的树体没有中心干。

骨干枝包括主枝（或小主枝）和侧枝。主枝（或小主枝）是指着生在中心干上的永久性骨干大枝。侧枝是指着生在主枝上的永久性骨干枝。单轴延伸的主枝和小主枝上不着生侧枝。

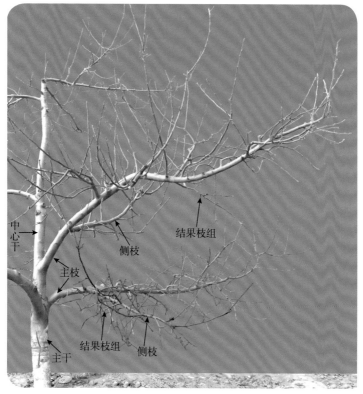

▲ 图 3-1　树体结构组成

二、苹果枝芽类型

　　1. 芽的类型　苹果芽的类型很多，按在枝条上着生的位置可分为顶芽和侧芽；按饱满程度可分为饱满芽、半饱满芽和瘪芽（图3-2）；按着生的部位和萌生的时期可分为定芽、不定芽和隐芽；按性质又可分为叶芽、花芽（图3-3）和中间芽。

　　2. 枝条的类型　1年生枝条可分为营养枝和结果枝。

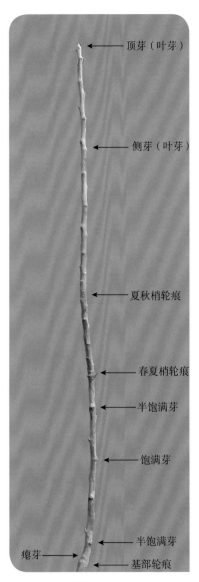

▲ 图 3-2 芽的类型

（顶芽（叶芽）
侧芽（叶芽）
夏秋梢轮痕
春夏梢轮痕
半饱满芽
饱满芽
半饱满芽
瘪芽
基部轮痕）

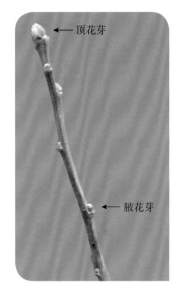

（顶花芽
腋花芽）

▲ 图 3-3 顶花芽与腋花芽

（1）营养枝 即顶端是叶芽的 1 年生枝。依长度可分为长枝（15 厘米以上）、中枝（5～15 厘米）、短枝（0.5～5 厘米）和叶丛枝（0.5 厘米以下，节间极短，无明显腋芽）。若据生长情况的不同又可分为以下几种（图 3-4）。

①发育枝 生长健壮，芽体充实饱满，是形成骨干枝、扩大树冠和培养结果枝组的生长枝，也称为外围延长枝或强壮营养枝。

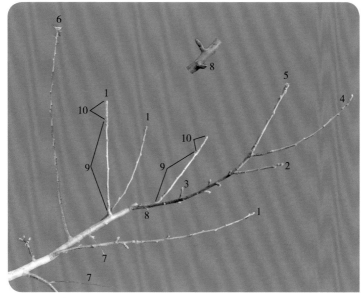

1. 长枝；2. 中枝；3. 短枝；4. 发育枝；5. 竞争枝；6. 徒长枝；7. 细弱枝；8. 叶丛枝；9. 春梢；10. 秋梢

▲ 图 3-4　营养枝的类型

　　②竞争枝　着生在延长枝（主、侧枝顶端用作延长头的枝）下部，生长直立强旺，与延长枝争夺营养和空间的枝条。

　　③徒长枝　一般多由隐芽萌发而成。在幼树生长旺盛的大枝后部或大伤口附近，以及大树平伸的主枝或过重的回缩修剪枝上，均易发出徒长枝。徒长枝生长强旺、节间长，叶片大而薄，芽体瘦小，组织松软，生长过程中消耗营养较多，对其他枝条的生长发育有不良的影响。一般情况下这种枝没有利用价值，应及时疏除。但在其附近有空缺处的情况下，也可经扭梢、软化、曲别处理后加以利用。另外，衰老树的枝组可利用徒长枝进行更新复壮。

④细弱枝 主要长在树冠内膛光照不足的地方，枝条细长，且叶小、叶薄、叶色浅的枝。这类枝条所制造的养分不够支撑自身生长发育的需要，不易形成花芽。此类枝条的多少是衡量果园管理水平的指标之一。

⑤叶丛枝 此类枝年生长量小，顶芽为叶芽，节间极短，一般枝长在0.5厘米以下。叶丛枝的数量较多，在营养条件好时可转化为结果枝。

⑥春梢与秋梢 当年生的新枝叫新梢。其中春季生长的部分叫春梢，由春梢顶芽或顶端（生长缓慢的未形成顶芽）继续延伸形成的部分叫秋梢。

⑦二次枝与多次枝 新梢上的侧芽在当年萌发形成的枝梢叫二次枝梢（生长季称梢，休眠季称枝）（图3-5）；由二次枝梢的侧芽当年萌发形成的枝梢叫三次枝，依此类推，也可称为多次枝梢。

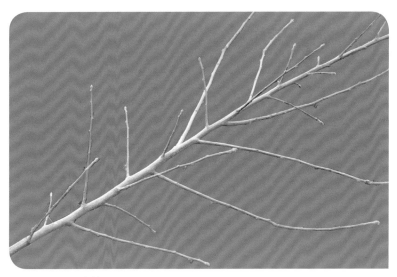

▲ 图3-5 二次枝

（2）结果枝　简称果枝，即顶端是花芽的1年生枝（图3-6）。

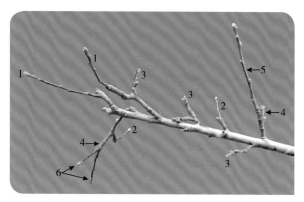

1. 长果枝；2. 中果枝；3. 短果枝；4. 果台；5. 果台单副梢；
6. 果台双副梢

▲ 图3-6　结果枝类型

①长果枝　枝长15厘米以上，顶芽为花芽，上部侧芽具有一定的萌发能力。

②中果枝　枝长5～15厘米，顶芽为花芽，有明显的侧芽，但多不萌发。

③短果枝　枝长5厘米以下，顶芽为花芽，侧芽较少或不明显。

④串花枝　在一个枝条上，3～5个或以上的邻接或邻近芽或短枝的顶芽都是花芽的，称为串花枝（图3-7）。

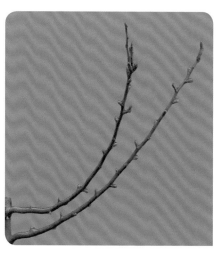

▲ 图3-7　串花枝

⑤短果枝群　果枝（主要指短果枝）结果后，果台上会再生出果枝，连续几年，许多果枝生长在一起，呈簇状，叫短果枝群（图3-8）。

　　⑥果台副梢　也称果台枝。在花芽萌发结果的同时，于果柄着生部位形成的膨大枝端（果台）上萌生的枝即果台副梢（图3-6）。

▲ 图3-8　短果枝群

三、苹果枝芽特性

　　1. 芽的异质性　指1年生枝上的侧芽因为形成时间的早晚不同，使芽在生长发育过程中所处的内外在条件不同，造成的芽的质量差异。一般表现：枝条基部的芽形成时正值春季，气温较低，芽

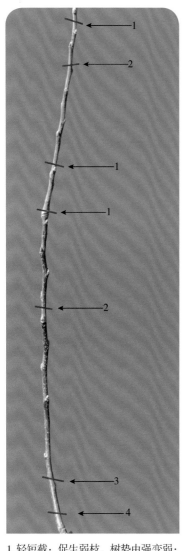

1. 轻短截：促生弱枝，树势由强变弱；
2. 中短截：促生强枝，树势由弱变强；
3. 重短截：抽生 1～2 个长枝；
4. 极重短截：促生弱枝

图 3-9　芽的异质性

较瘦；枝条中部的芽在初夏开始形成，气温较高，树体叶面积较大，营养充足，这种芽最饱满。接近顶端的腋芽在夏末秋初形成，发育时间短，也不够充实。充实的顶芽易萌发且多长成壮枝；修剪时剪口留在饱满侧芽处比留在半饱满芽处发出的枝壮；剪口留在瘪芽处发出的枝极短。短截时可利用剪口芽的壮弱增强枝势或缓和枝势，达到调节树势平衡的目的（图 3-9）。

2. 萌芽力与成枝力　萌芽力指树冠外围 1 年生枝剪截后芽的萌发能力，芽萌发越多，说明萌芽力越强。用萌发的芽数占枝条总芽数的百分比表示，叫萌芽率。一般芽的萌发数量占总芽数的 60% 以上者为高萌芽率，占 30%～60% 的为中等萌芽率，占 30% 以下的为低萌芽率。

成枝力即树冠外围 1 年生枝经剪截后，芽抽生成长枝的能力。抽生长枝多的成枝力强，用长枝数占萌芽数的百分比来表示，叫成枝率。长枝占50%以上的为强成枝力，30%～50%的为中等成枝力，30%以下的为弱成枝力（图3-10）。

萌芽力和成枝力因品种、树龄、树势、枝的角度和修剪方法不同而有差异。如金冠、富士比红星、国光的萌芽力及成枝力高；幼树、壮树、直立枝的萌芽力和成枝力都弱，同一品种、同样的枝条，短截比轻剪长放的枝萌芽率和成枝率高。萌芽率低的品种抽生中、短枝少，进入结果期晚，对这些品种应进行轻短截或长放，外加刻芽或多道环刻；树上无花的情况下，也可在5月份喷布促进发枝的生长调节剂（如40%乙烯利200倍液等），以削弱顶端优势，促其多发中、短枝，为早结果创造条件。

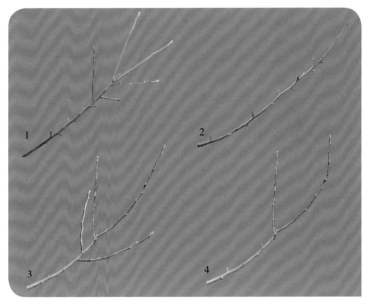

1.萌芽力强，成枝力强；2.萌芽力强，成枝力弱；3.萌芽力弱，成枝力强；4.萌芽力弱，成枝力弱

▲ 图3-10　萌芽力和成枝力

3. 顶端优势与垂直优势

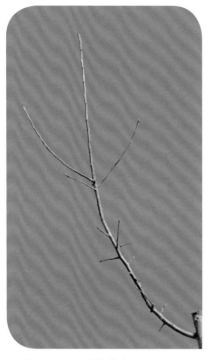

▲ 图 3-11　顶端优势之一

顶端优势是指一般位于顶端和上部，或垂直位置在较高处的枝、芽，生长强度较强，其下端枝、芽的生长强度依次减弱的现象。有人把这种生长现象称为"极性"。严格地讲，顶端优势和极性是有区别的。顶端优势主要是从着生的垂直高度讲的，凡是垂直位置高的，一般都具有较强的生长势（图 3-11、图 3-12）。而极性主要是从器官的着生部位讲的，不管其垂直位置高或低，只要是

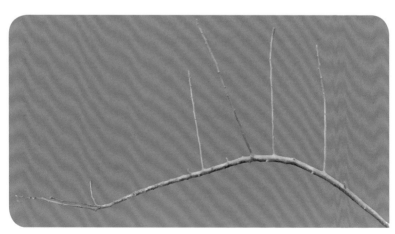

▲ 图 3-12　顶端优势之二

生长在顶端的枝、芽，一般都具有较强的生长势。垂直优势是指枝条的直立、水平或斜生状态不同，枝条的生长势不同，直立生长的枝条生长势强。如同一位置萌发的两个枝条，保持垂直直立生长的枝条的生长势强于水平生长的枝条。

　　顶端优势受品种、树龄、枝条着生角度、枝和芽质量的影响。例如，国光品种比长富2品种顶端优势强；幼树、旺树又比老龄树和弱树明显。从枝条着生的角度看，直立枝比斜生枝强，即直立枝顶部萌发枝条多且强旺，而近似水平的枝条，由于生长优势位置的改变，顶部生长势缓和、分散，枝条上的芽大部分萌发成中、短枝，易形成花芽；从枝和芽的质量方面看，枝条生长强壮、剪口芽饱满时，顶端优势和垂直优势表现明显，反之不明显。

　　利用和控制顶端优势是果树整形修剪中经常应用的技术措施。利用顶端优势主要是抬高枝、芽的空间位置，或利用居于优势部位的壮枝、壮芽，以增强枝条的生长势。如在平衡树势时，为了增强弱枝的生长势，常采取抬高枝条角度，用壮枝、壮芽带头，以及轻剪长放等利用顶端优势的修剪方法。控制顶端优势主要是压低枝、芽的空间位置，或加大枝条的开张角度，以缓和其生长势力。

　　4. 层性　层性是顶端优势和芽的异质性共同作用的结果。枝条上部的芽萌发为强壮枝条，中部的芽抽生较短小的枝，基部瘪芽多数不萌发而成为隐芽。这样逐年向上生长，枝条就会形成层状分布状态，即层性（图3-13）。利用层性培养分层树形和枝组符合苹果的自然生长规律，有利于通风透光和提高果品质量。1年生枝条短截较重时，会使两层之间的距离缩短而打破层性；若短

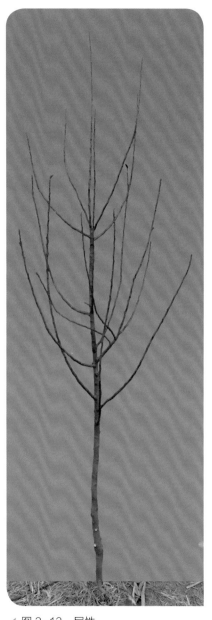

▲ 图3-13　层性

截轻或长放不剪，则可加大层间距或使枝条后部出现光秃带。为了防止光秃带的出现，须采用刻芽或环刻等措施促发枝条。

5.枝的加长生长与加粗生长　苹果新梢常有两次明显的加长生长，第一次生长的称春梢，第二次生长的为夏梢或秋梢。春、秋梢交界处形成明显的轮痕（又叫盲节）。自然降水少，而且春旱、秋雨多的地区，往往春梢短、秋梢长，且不充实。春旱但有灌溉条件的果园，则新梢能正常生长发育。

树干、枝条的加粗都是形成层细胞分裂、分化、增大的结果。加粗生长比加长生长稍晚，其停止也稍晚；同一株树上，下部枝条停止加粗生长比上部稍晚。春天芽开始萌动时，在接近芽的部位形成层先开始活动，然后向枝条基部发展。因此，落叶果树形成层开始活动的时间稍晚于萌芽，同时离新梢较远的树冠下部的枝条，形成层细胞开始分裂的时期也较晚。由于形成层的活动，枝干出现微弱的增粗，此时所需的营养物质主要靠上一年的贮备。此后，随新梢加长生长，形成层活动也持续进行。新梢生长越旺盛，形成层活动也越强烈而且持续时间长。秋季由于叶片积累大量光合产物，因而枝干加粗生长明显。当加长生长停止、叶片老化，则生长素停止分泌，形成层的活动也随之停止。因此，为促进枝干加粗生长，必须在其上保留较多的枝叶。

6. 枝条的生长势和树势　枝条生长的强弱程度称为生长势。生长势强弱的划分，常以全树枝量的多少，枝条的长度、粗度、节间长度、枝条充实度、颜色、有无光泽，以及大枝的颜色等为依据。应用最普遍的是以外围延长枝条的长度来划分（图3-14）。如

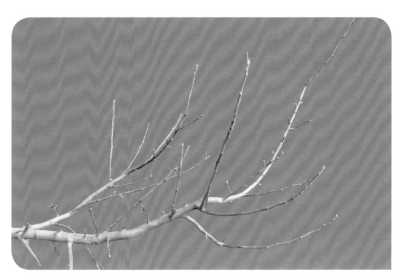

▲ 图3-14　外围延长枝

乔砧普通型红富士，幼树期采用多短截修剪方法的树，1年生枝长度以60～70厘米为中等生长势（中庸树），100厘米左右为强生长势，30厘米左右为弱生长势；初结果期采用长放修剪方法的树，1年生枝长度以40～50厘米为中等生长势（中庸树），60厘米以上为强生长势，20厘米以下为弱生长势。丰产期采用放缩修剪方法的树，1年生枝长度以30～40厘米为中等生长势。以上是划分生长势的主要因素，另外，全树枝量大，枝条和大枝颜色较深而光滑，枝条粗壮，芽体大、充实饱满等也是生长势较强的表现。

判明树势是确定修剪方法和修剪程度的前提。壮树应以轻剪、长放为主，以缓和树势，促成花结果；对弱树应以短截、回缩更新为主，以利树势复壮；对中庸树应长放、疏枝和回缩并重，要因枝制宜、因树制宜，以利交替结果、轮流更新。

树势的强弱可用修剪方法进行调整，但更重要的是能用加强肥水管理和疏花疏果的方法来进行调整。另外，个别枝的生长势也可用改变枝的角度、留枝量和留果量来进行调整。

7. 分枝角度 分枝的角度影响枝条的顶端优势、萌芽力和成枝力，影响幼树的成花和结果（图3-15）。影响大树的产量和果实质量。分枝角度小者，枝条顶端优势强，萌芽力和成枝力低，且易使幼树主枝上部强旺，不易成花结果；若是大树，则主枝不牢固，易劈伤，且后部小枝易干枯，光秃带不断扩大。此外，还会使内部光照差、结果量少且果实品质差。因此，应从幼树开始就注意培养分枝的角度，对枝条采用以下加大角度的措施，如别枝、软化、拉枝等，使分枝的角度逐年调整到适宜的程度。

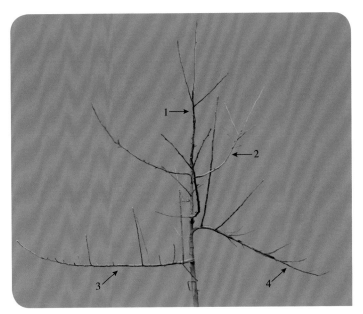

1. 直立枝；2. 斜生枝；3. 平生枝；4. 下垂枝

▲ 图 3-15　分枝角度

8. 花芽分化　花芽分化是在新梢停止生长后进行，率先停止生长的短枝的顶芽较早开始花芽分化，长枝及腋芽则较晚。花芽分化持续时间较长，可持续至翌年开花前。花萼的分化速度较快，当年即可形成；雄蕊及雌蕊分化较慢，当年 9—10 月份可分化出雄蕊及雌蕊原始体，至翌年春暖花开前才分化完全。金冠品种自 6 月中下旬开始花芽分化，可延续 2～3 个月，至 9 月下旬仍有刚进入分化初期的芽。

一年中苹果花芽分化有两个集中分化期，一个是 6—7 月份春梢停长后，一个是 8—9 月份秋梢停长后。前期主要是短枝和部分中枝顶芽成花；后期则主要是秋梢成花，包括腋花芽。

花芽开始分化的早晚与树龄、树势有关。一般幼树生长旺、停长晚，花芽分化期也晚。在同一棵树上短果枝成花最早，中枝次之，长果枝较晚，而腋花芽最晚。

一个花芽内中心花（顶花）先形成，在中心花分化的同时侧花开始奠基并分化，一般每个花芽内分化 5～6 朵花，营养条件差时则花数减少。

9. **结果习性** 苹果以顶花芽结果为主。长、中、短果枝及腋花芽着生的比例，因品种、树龄不同而异，金冠、金矮生等品种幼树多以长果枝、腋花芽结果；津轻、国光、红富士等品种的长、中、短枝均可结果；元帅系普通型、新红星等短枝型品种则以短果枝结果为主。各品种的短果枝结果的比例均随树龄的增大而增多。在掌握各品种的结果习性和识别花芽的基础上做到因树因枝进行冬季修剪，疏间或剪截多余的果枝和腋花芽，以使做到合理负载，实现连年优质丰产。

四、树体生长的年龄阶段

1. **扩冠期** 这个时期的主要任务是缩短缓苗期，促进树体旺盛生长，建成一个具有一定枝叶量及花芽的群体。可以通过综合管理技术，使之健壮生长，多出分枝，增加枝叶量，为选择和培养骨干枝打好基础，并在此阶段的最后一年采用长放、环刻、拉枝、环剥等成花措施，使之形成一定数量的花芽。

2. **压冠期** 这个时期的主要任务是控制生长，并使之多成花、多结果，以果控制幼树的贪长习性，使生长和结果相协调，以果压冠，使树冠保持一定的高度和大小。同时，此期还要逐年清理辅养枝并继续完成树体的整形。

　　压冠期是苹果密植栽培时早果、丰产的关键时期，可依据砧木、品种、栽植密度、树形和生长条件等来确定以果压冠的措施。以果压冠过早、过重时易形成"小老树"，不易丰产；压冠过晚，树体生长过大，易造成果园郁闭。因此，适时采用压冠的管理技术非常重要。据试验，宽行密株矮砧密植苹果，1.5 米 × 4 米株行距，采用高纺锤形，第二年即可少量结果，以果压冠。乔砧苹果，3 米 × 5 米株行距，采用自由纺锤形，当大于 50 厘米的枝条超过 10 个以上时（约 3 年生）即可开始采取控冠和促成花措施，以果压冠，减缓树冠扩张。

　　3. 丰产期　这个时期的主要任务是调整生长与结果的关系，使之相互适应，达到连年优质高产的目的。此期应合理负载，保持健壮的树势，延长丰产期的年限，以便获得较高的产量和收入。

五、生长与结果的关系

　　生长和结果是矛盾的，在适宜枝叶量和负载量的基础上，两者平衡后才能多结果、结好果，达到连年优质丰产。如果枝叶生长过旺，大量的营养用在生枝长叶上，树体内营养就会不足，限制花芽的形成，或引起落花落果。若枝叶生长衰弱，积累营养不足，则同样影响花芽的形成和坐果。反之，负载量过大，则营养生长不良，花芽分化困难，容易出现大小年现象，严重时还会引起树势衰弱和枝干病害的发生；负载量过小，则枝条旺长，树冠易郁闭，通风透光不良，影响果实品质和花芽形成。负载量因砧木、品种、树龄、栽培水平、树势和气候条件等的差异而不同。

运用修剪和其他栽培措施可以平衡生长和结果的关系。生产上可以通过疏、截、缩、刻、剥、拉等修剪措施调控枝条生长和花芽分化，使枝叶量和果量维持一个合理的比值，才能达到高产、稳产、优质。"枝果比"和"叶果比"可以反映枝叶量和果量间的比例关系。适宜的枝果比和叶果比因砧木、品种、树势和栽培水平等的差异而不同。乔砧元帅系、富士系等品种的枝果比为 7 ~ 8:1；而采用矮化砧木的苹果枝果比只有 3 ~ 5:1。乔砧普通型苹果生产 1 个果实需要 35 ~ 50 片叶，叶果比为 35 ~ 50:1；而采用矮化砧 M9 的苹果树生产 1 个果实只需 20 ~ 25 片叶，叶果比为 20 ~ 25:1。

利用生长和结果的关系，对壮树轻剪长放使之多成花多结果，以果控长，以果压冠；对弱树适当重剪，使其少结果，加强生长势。最终使生长与结果的矛盾统一起来，做到幼树早果早丰、大树优质丰产。

六、树体对修剪的反应

修剪大枝或枝条的作用范围有局部的也有整体的。从局部看，它可以增强被剪枝的生长势；从整体看，则对整个树的生长有抑制作用。这就是修剪的双重性。

1. 修剪对局部产生促进作用　主要是因为减少了枝芽量，使养分集中供给保留下来的枝芽，同时，修剪使之通风透光，提高了叶的光合效能和局部枝芽的营养水平，从而增强了局部的生长势。其促进作用的强弱与修剪方法、修剪轻重和剪口芽的质量有关。利用修剪对局部的促进作用，可使幼树枝条加快延伸、扩大树冠；对衰老树重剪可使养分集中，更新枝组和树冠。

2. **修剪对整体有抑制作用**　主要是因为剪掉了大量枝芽，缩小了树冠体积，从而减少了叶的同化面积；同时，修剪造成的许多伤口需要消耗一定的营养物质才能愈合。抑制作用的强弱与修剪量有关，并随树龄的增长而减弱。利用修剪对整体的抑制作用，可以对强主枝采用适当多疏枝或外开换头、加大角度、早期环剥等措施抑制其加粗和加长生长，从而达到平衡树势的目的。

不同修剪方法和修剪强度在修剪后的表现各异，相同修剪方法也会因品种、树势、管理水平和立地条件等的不同产生不同的修剪反应。

第四章
修剪方式、时期和作用

一、修剪方式和作用

1. 短截　短截就是将1年生枝条剪去一段。短截的主要作用是加强生长势及刺激侧芽抽出新梢。根据剪留枝条的长短，短截又可分为轻短截、中短截、重短截和极重短截等几种形式（图4-1）。

（1）轻短截　在枝条上部短截，剪量为枝长的1/5左右，剪口芽为次饱满芽，有促发中、短枝和缓和树势，促进花芽形成的作用（图4-2）。

（2）中短截　在枝条春梢中上部短截，剪量为枝长的

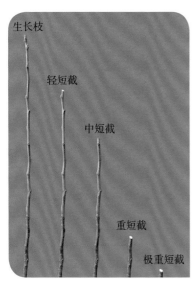

▲ 图4-1　短截

2/5左右，剪口芽为饱满芽，故剪后成枝力强（图4-3）。常用于培养骨干枝延长枝头。

（3）重短截　在枝条春梢中下部短截，剪量为枝长的3/5～4/5，剪口芽多为次饱满芽，剪后可抽生1～2个旺枝，常用于培养紧凑枝组（图4-4）。

（4）极重短截　只留下枝条基部2～3个瘪芽进行剪截。剪后抽生1～2个中庸枝或弱枝，常用于培养中、小型枝组和补充空位。

▲ 图4-2　轻短截

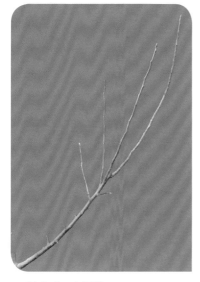

▲ 图4-3　中短截　　　　▲ 图4-4　重短截

（5）斜剪法重短截　极重短截的一种，是对中心干上着生枝条的一种短截方法，短截时枝条基部的上部留0.5厘米、下部留0.8～1.2厘米，剪留枝呈马蹄状（图4-5）。剪后可抽生1～2个角度开张的枝（图4-6）。此法常用于细长纺锤形或高纺锤形树体，对从中心干萌发的较粗壮枝进行短截可促发新枝。

（6）戴帽　利用芽的异质性在春秋梢交接的轮痕处（又叫盲节）短截（图4-7），以

▲ 图4-5　斜剪法重短截

▲ 图4-6　斜剪法重短截出枝效果

盲节处短截

▲ 图4-7　戴帽

缓和枝条生长势，促生中、短枝，促使成花结果的一种修剪方式。

2. 回缩　对 2 年生以上的枝在分枝处将上部剪掉的方法叫回缩。此法一般能减少母枝总生长量，促进后部枝条生长和潜伏芽的萌发。回缩越重对母枝生长的抑制作用越大，对后部枝条生长和潜伏芽萌发的促进作用越明显；但若在生长季节进行，则对生长和潜伏芽的促进作用显著变小。回缩用于控制枝条生长（图 4-8）、培养枝组（图 4-9）、控制树高和树冠大小（图 4-10a、图 4-10b）、降低株间交叉程度、骨干枝换头、弱树复壮等。另外，对串花枝回缩（图 4-11）可以提高坐果率。试验表明对"长富 2"苹果串花枝做不同程度的回缩处理，经调查留 1、2、3 个花序的处理枝，其花朵坐果率分别为 38.2%、26.4%、21.1%，花序坐果率分别为

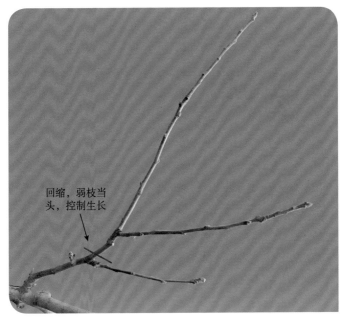

回缩，弱枝当头，控制生长

▲ 图 4-8　回缩控制生长

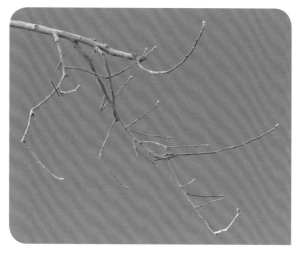

▲ 图 4-9　枝组回缩更新复壮

▲ 图 4-10a　落头（剪前）

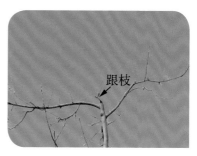

跟枝

▲ 图 4-10b　落头（剪后）

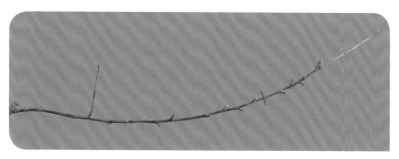

▲ 图 4-11　串花枝回缩

100%、90.9%、78.8%，且留 1 个花序处理的果形端正，留 3 个花序的果形偏斜。

3. 疏间 将过密枝条或大枝从基部去掉的方法叫疏间。疏间一方面去掉了枝条，减少了制造养分的叶片，对全树和被疏间的大枝进行了削弱，并减少了树体总生长量，且疏枝伤口越多，对伤口上部枝条生长的削弱作用越大，对总体的生长削弱也越大；另一方面，由于疏枝会集中消耗树体内的贮藏营养，所以有加强现存枝条生长势的作用。疏间主要用于疏除并生枝、轮生枝（图 4-12a、图 4-12b）、重叠枝（图 4-13a、图 4-13b），以及短果枝群

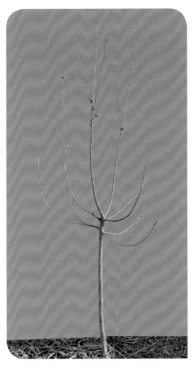

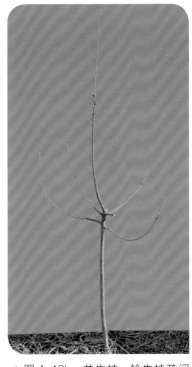

◢ 图 4-12a　并生枝、轮生枝疏间（剪前）

◢ 图 4-12b　并生枝、轮生枝疏间（剪后）

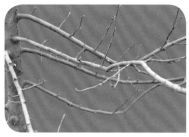

▲ 图 4-13a 重叠枝疏间（剪前）

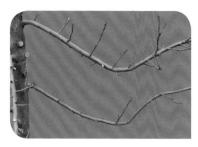

▲ 图 4-13b 重叠枝疏间（剪后）

▲ 图 4-14 短果枝群疏间（去弱留强）

（图 4-14）等密挤枝条，控制竞争枝、背上枝的修剪。

综上所述，短截、回缩、疏间的修剪方式对整体和局部的作用基本相同，在应用过程中，几种手法应相互配合、综合运用。此外，还应注意的是苹果幼树修剪总量不宜过大，否则会引起徒长，推迟结果和进入丰产的时期。

4. 长放 对1年生长枝不剪，任其自然发枝、延伸称为长放或甩放、缓放。一般应用于处理苹果旺幼树或旺枝，可使旺盛生长转变为中庸生长，增加枝量，缓和生长势，促进成花结果（图 4-15 至图 4-17）。长放平斜旺枝效果较好，长放直立旺枝时必须压成平斜状才能取得较好的效果。为了多出枝、克服长放枝条下部光秃现象、缓和生长势等，在长放枝上配合刻芽、多道环刻和拉枝等措施效果更佳。据试验调查，长富2苹果长放比短截可多出枝 62.3%（表 4-1）。生长旺的长枝经多年长放，成为长放结果枝组后，要通过回缩修剪将其培养成长轴的健壮枝组。生长较弱的树或枝进行长

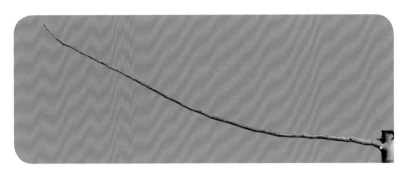

▲ 图 4-15 1 年生枝长放

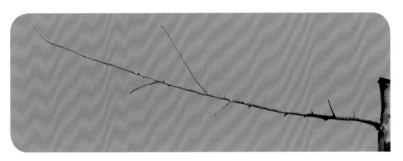

▲ 图 4-16 1 年生枝长放后的翌年效果

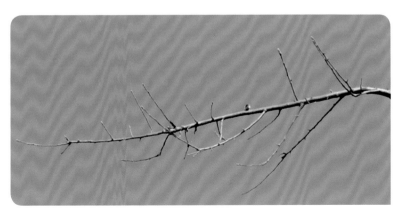

▲ 图 4-17 1 年生枝多年长放后效果

放，其表现是越放越弱，不宜成花结果，并加速衰弱，因此，对这类枝不宜进行长放。

表4-1　红富士苹果1年生枝长放的效果

处　理	母枝上发枝量（个）	母枝米出枝量（个）	母枝上花量（个）
长放加多道环刻	18.9	18.9	4.5
长放不加多道环刻	12.9	13.2	3.1
短　截	7.9		1.5

注：母枝米出枝量表示每米2年生枝长出新梢的数量。

对3年生新红星连续4年进行不同程度的修剪处理，即长放（全树长枝不剪）、轻截（全树长枝剪截1/3）、重截（全树长枝剪截2/3）后，经调查发现（表4-2）：长放修剪处理的树干加粗快，单株枝量和花量多，短枝比例大，有利于早果早丰；开始采用长放修剪的树龄以3～4年生为宜。

表4-2　不同修剪法对新红星苹果树生长和成花的影响

处　理	4年的干周增长（%）	单株枝量（个）	形成花芽（%）	短枝率（%）
长　放	140.2	921	32.0	91
轻　截	139.6	852.7	21.4	88
重　截	128.7	627.3	11.6	82

5. 开张角度　开张枝条角度可起到降低枝条顶端优势，控制

枝条旺长，提高枝条中下部的萌芽率，增加枝量及中短枝的比例，解决内膛光照，缓和树势、促进花芽形成等作用。枝的开张角度越大这种作用越大。

新红星苹果树枝条生长直立，顶端优势强，幼树期间拉枝角度的大小会影响树冠的扩展和发枝的多少（表4-3）。试验表明：拉枝50°，延长枝生长较壮；拉枝70°，延长枝生长中等，发枝较多，上部与下部的枝生长均衡；拉枝90°，延长枝生长弱，发枝多。枝的开张角度依据品种长势和采用的树形不同而不同。如细长纺锤形的主枝开张角度，普通型品种120°左右，短枝型品种90°左右。

表4-3　不同拉枝角度对延长生长和发枝的影响

拉枝角度	延长枝长度（厘米）	上/下[①]	米枝量[②]（个/米）	叶丛枝和短枝占比（%）
50°	26.6	2.5	29.8	85.5
70°	7.1	1.9	32.3	88.2
90°	4.7	1.7	37	91.6

备注：①上/下：为每一处理枝的上部与下部的出枝比。②米枝量：每米处理枝上萌发枝的数量。

开张枝条角度的方法有拉枝（图4-18）、开角器开角（图4-19、图4-20）、牙签撑枝（图4-21）、别枝（图4-22a、图4-22b）、软化（图4-23）、棍撑和里芽外蹬等。

（1）拉枝　用绳等牵拉物将枝条下拉固定为拉枝。

（2）别枝　将1年生以上的直立长放旺枝，从基部向下或左右

▲ 图 4-18 拉枝开角

▲ 图 4-19 开角器开角（a）

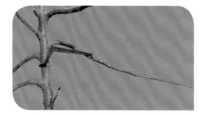

▲ 图 4-20 开角器开角（b）

▲ 图 4-21 牙签撑枝

▲ 图 4-22a 别枝（剪前）

▲ 图 4-22b 别枝（剪后）

▲ 图 4-23 软化

弯曲，别在其他枝下叫别枝。

（3）软化　发芽后对较细的1～2年生直立长放枝，用手握住枝条自下而上多次移位并将其轻度折伤，使之向下或左右弯曲。软化能起到控制旺长和促发分枝的作用。对长新梢于6—8月份进行软化，可加大角度，控制生长。

（4）里芽外蹬　休眠季修剪时，对欲开张角度的枝条短截，剪口芽留里芽，剪口下第二芽留外芽。翌年春季萌芽抽枝后剪口芽（里芽）抽生的枝条多直立生长，第二芽（外芽）抽生的枝条多角度开张。冬季修剪时，将直立生长的里芽枝剪去，改用斜向生长的外芽枝作延长枝，就可以维持和加大枝条的开张角度。

开张枝条角度时应注意开张角度的时期和方法。对于1年生枝，春季萌芽期将枝条拉至水平或下垂时，萌发的多为背上芽形成的直立枝（图4-24），应推迟拉枝时间，在萌芽后分枝长至5厘米以上时再拉枝。对于新梢，在枝条未停长时拉枝，会出现枝头翘头现象（图4-25）。为了防止枝头翘头，可采用二次开角的措施，在5—6月份开张基角，于新梢接近停长或停长后的8—9月份开张梢角。

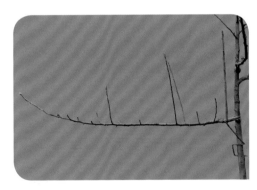

▲ 图4-24　枝条开角后发背上直立枝

拉枝开角时使枝条保持平直，不应出现中部位置高于基部和梢部的"弓"形，或在枝条中部开角，而基部角度过小，这样受

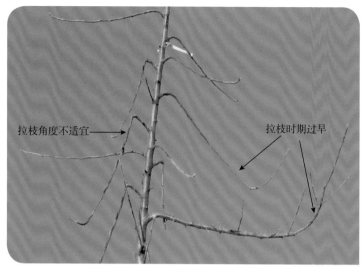

顶端优势的影响，枝条中下部萌芽发枝会受到抑制，中下部光秃，结果部位外延（图4-26）。也不宜圈枝（图4-27），圈枝是将枝编成圆环状，使枝蜷曲生长。圈枝虽有减弱枝条生长、促进枝条中下部萌芽发枝的作用，但也会使枝叶密挤一团，增加病虫害防治难度。

图4-25 拉枝时期过早、角度不适宜

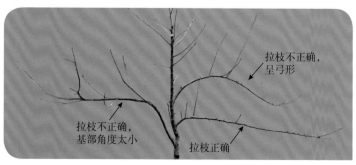

▲ 图4-26 拉枝方法

夹皮角枝不宜拉枝开角。芽萌发后有些皮层夹在两枝分生处，形成夹皮角枝（图4-28）。夹皮角枝开张角度极小，拉枝开角时极易劈折，修剪时应疏除。

▲ 图4-27　圈枝

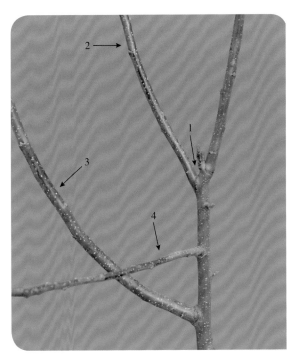

1. 夹皮角；2. 夹皮角枝；3. 开张角度约60°的斜生枝；
4. 开张角度约90°的平生枝

▲ 图4-28　不同角度的枝

6. 环剥　环剥是促使乔砧普通型苹果幼树早结果、早丰产的主要措施之一。在树干或大枝上，绕干或枝刻伤两道，道间距为树皮的厚度（0.1～0.5厘米），深达木质部，将刻口间的树皮剥下即为环剥（图4-29）。环剥能在一段时间内切断同化营养向下的运输路线，减少供给根系的营养物质，抑制根系的生长，从而缓和生长势；同时使剥口以上的部分获得较多的营养，提高碳氮比水平，且环剥能促发内源乙烯的产生，因此，环剥有利于花芽的形成。在盛花期至落花后5天环剥还有控制新梢生长和提高坐果率的作用。环剥时应注意以下几点。

▲图4-29　环剥

（1）环剥对象　环剥适用于苹果旺幼树或已结果的壮树。对弱树、病树、盛果期的大树不宜采用环剥，否则易造成生长势极度衰弱，引起腐烂病发生。元帅系、印度系等品种愈合组织生长慢，也不宜使用环剥技术。

（2）环剥时期　环剥的时期不同，效果也不同。盛花期至落花后5天环剥有抑制生长、促进花芽形成和提高坐果率的作用，在此阶段，环剥越早控制生长的作用越强。花后10～40天环剥只有促进花芽形成的作用。

（3）环剥次数　一般每年只进行一次，但对于不易成花的品种，如国光、富士系等的壮幼树也可在环剥口愈合后（20～30天）再环剥一次。

（4）环剥宽度及包扎物　主干环剥的宽度应等于树皮的厚度。剥后应用纸条包扎剥口，以防虫害影响剥口愈合。剥后20天去掉纸条，并检查伤口的愈合情况。若伤口没有愈合，可改用塑料布条包扎（禁用地膜）。用塑料布条包扎时应注意，伤口一旦愈合，需立即解除。

（5）环剥前后的管理　环剥前要浇一次水，以利剥皮，并避免剥掉的树皮带走过多的形成层细胞。环剥技术只能调整营养的分配，促进成花、坐果和高产等，不但不能增加树体营养，反而由于结果量的增加和对生长的抑制作用而降低树体的营养水平，因此环剥后的果树要加强土、肥、水等综合管理。

7. 环刻　环刻分为两种形式：一是主枝或主干环刻，二是长放枝条的多道环刻。

（1）主枝或主干环刻　在主干或主枝的基部用刀刻伤一圈，深达木质部，即为主枝或主干环刻（图4-30）。刻口愈合需10天左右。环刻的时期、作用与环剥相同，唯强度较弱，一般品种环刻3次等于环剥1次的效果。此法适用于环剥不易愈合的品种，如元帅系、印度系等。环刻时可据树势强弱不同，每隔10天左右环刻1次，根据树势连续环刻3～5次，即可收到环剥的效果。

▲ 图4-30　主枝或主干环刻

（2）多道环刻　在1～2年生长放的枝条上，从距枝条基部20厘米处开始每隔20厘米（普通型品种）或30厘米（短枝型品种）左右环刻一圈，枝条顶部留35厘米左右不再刻伤。伤口刻透皮层，达木质部为止（图4-31）。多道环刻的促发枝效果明显（图4-32）。多道环刻有促进新梢萌发和成花的作用，若加上环剥处理，则成花效果更为显著。环刻时的刻口位于背上芽的上方时，会促进背上芽萌发背上直立枝，直立枝会抑制背侧芽和背下芽的萌发；而刻口在背上芽下方时，会抑制背上芽萌发为强壮直立枝，所以环刻时的刻口最好在背上芽的下方，避免在背上芽上方环刻。进行多道环刻的时期是春季发芽期至新梢开始生长期，国光品种因刻口愈合较快，可早些；元帅系、短枝红星系刻口愈合较慢，可晚些。环刻时期过早、刻伤口过深

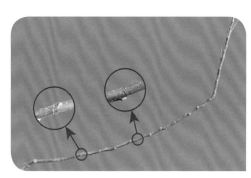

▲ 图4-31　多道环刻

▲ 图4-32　多道环刻后的出枝效果

或刀刃过厚致使刻伤口较宽，会造成环刻作用过强，形成上弱下强、风大易折断的问题（图 4-33a）；环刻时期过晚、刻伤口深度不够或刀刃薄，则促发枝效果不理想（图 4-33b）。

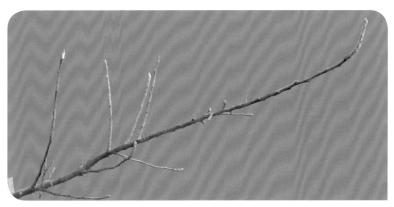

▲ 图 4-33a　不正确的多道环刻方法之一

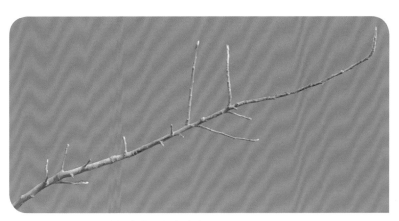

▲ 图 4-33b　不正确的多道环刻方法之二

　　8. 刻伤（目伤）　春季发芽前，在短枝或芽的上方 0.5 厘米处用刀或剪横刻皮层，深达木质部，长度为枝周长的 1/2，呈眼眉状，即刻伤或目伤（图4-34a、图4-34b）。在短枝或芽的上方刻伤，可以阻碍根部的贮藏养分向上运输，使刻伤处下部的枝或芽得到充分的营养，有利于枝的生长及芽的萌发。因此，在中心干上的短枝或壮芽上刻伤可促发壮枝。刻口太浅、

▲ 图4-34a 目伤（过程）

▲ 图4-34b 目伤（效果）

▲ 图4-35 不正确的目伤方法

太短、离芽太远或目伤时期较晚，则达不到促发枝的作用（图4-35）。

9. 扭梢（拧梢） 生长旺盛的新梢半木质化时（5月中下旬），在距基部5厘米左右处用手向下拧、转90°～180°，使之变为下垂或平生（图4-36、图4-37）。扭梢能起到控制新梢旺

长、促进顶部花芽形成和培养小型结果枝组的作用。扭梢多用于苹果壮幼树，可控制背上直立枝和强壮枝的生长，扭梢不宜过高（图4-38），否则背上枝仍较大，控长作用减弱；也不宜过多扭梢（图4-39），以免枝叶密挤影响通风透光。

▲ 图4-36　扭梢

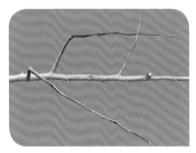

▲ 图4-37　扭梢后效果

▲ 图4-39　扭梢过多

▲ 图4-38　扭梢过高

10. 摘心　摘心就是在生长季节将新梢的顶端摘掉 5 ～ 10 厘米（图 4-40）。顶芽产生的生长激素抑制侧芽萌发，摘心可以减少生长激素的抑制作用，减缓生长，促进侧芽萌发生长；摘心后再去掉几片嫩叶，对减缓生长、促进侧芽萌发的作用更强（图 4-41）。对生长壮的苹果幼树，在 5 月下旬，新梢长到 50 厘米左右时摘心，可促进分生第二次枝（副梢），增加枝级，加速扩大树冠，促进花芽形成和提早结果。对于旺长的幼树，在 9 月份秋梢停长前摘心，能促进组织成熟，增加树体的抗寒性能。对直立、竞争新梢，宜于长到 6 ～ 8 片叶时摘心，待其发出的第二次枝又长出 6 ～ 8 片叶时再摘心，连续摘心有利于培养结果枝组。已结果的壮幼树，于 4 月下旬至 5 月上旬对果台副梢和壮梢摘心，对提高坐果率有显著作用。此法用于元帅系品种效果更明显。在 5 月下旬至 6 月上旬，对普通富士品种的果台单长副梢留 20 厘米左右摘心，以及

▲ 图 4-40　摘心

▲ 图 4-41　摘心去叶

对果台双副梢疏除 1 个，另一个留 20 厘米左右摘心，可增大果重 18.7 ~ 29.1 克（图 4-42）。

果台双副梢　　　　　　　　　　　　　果台单长副梢

▲ 图 4-42　果台副梢摘心

二、修剪时期

　　20 世纪 70 年代以前苹果栽植以大冠形式（株距 6 米以上）较多，技术上强调冬季修剪，很少进行夏季修剪。80 年代以后中冠（株距 4 ~ 5 米）形式和小冠（株距 3 米以下）形式逐年增多，为了实现早果早丰和控制树冠生长，不得不增加生长季修剪的工作量，以后便逐年形成了冬剪与夏剪相结合的四季修剪方法。

　　1. 休眠期修剪　即冬季修剪，落叶后至萌芽前进行的修剪。主要目的是培养和调整骨干枝和结果枝组，疏间或回缩密挤枝，疏除病虫枝、密生枝和徒长枝，以建造良好的树形。休眠期修剪运用的修剪方式主要有短截、回缩、疏间和长放等。冬季天气寒冷，不利伤口愈合，一般休眠期修剪在早春萌芽前进行为好。

2.**生长季修剪** 生长季修剪包括花前修剪、夏季修剪和秋季修剪，又统称夏剪。生长季修剪运用的修剪方式除了短截、回缩和疏间，还有拉枝、别枝、软化、扭梢、摘心、环剥和环刻等。

（1）花前修剪 即萌芽至开花进行的修剪，主要目的是调整花芽、叶芽的比例。花前修剪是冬季修剪的补充，又称花前复剪。在冬季修剪时花芽不易辨认，通过花前复剪可以疏除过多的花芽，确定适当的花和叶芽比例，平衡生长和结果的关系，减少树体不必要的养分消耗，克服大小年结果。花前疏除或回缩多余大枝组和辅养枝，可以改善光照、提高果实品质。花前复剪在能分清是否为花芽的前提下越早越好，过晚则营养物质消耗多，作用不明显。另外，花前采取刻伤、多道环刻等措施可以增加枝量。

红富士苹果的花前复剪：①外围延长枝是花芽的串花枝，根据从基部起着生第一花序处串花枝的直径确定留花序的数量，直径小于3毫米的串花枝疏除，直径3～5毫米的留1～2个花序回缩，直径5～7毫米的留3～4个花序回缩，直径7毫米以上的留5～7个花序回缩（图4-43）；②外围延长枝是叶芽的串花枝，外围枝长30厘米左右，此类串花枝中庸偏壮，要保留不剪，待花序分离期疏花（图4-44）；对生长过弱者，按上述方法处理。其他品种也可参考此法。

（2）夏季修剪 即生长季节进行的修剪。主要是用各种方法开张骨干枝和辅养枝以控制或改变直立枝和旺枝的生长势并采用各种措施促花增枝，达到培养树形、扩大树冠、形成花芽的

▲ 图 4-43　延长枝是花芽的串花枝

▲ 图 4-44　延长枝是叶芽的串花枝

目的。

（3）秋季修剪　秋季修剪分两个时期：一是果实着色期，主要是对影响果实着色的密挤枝、直立枝、徒长枝和未结果的枝组进行疏间或回缩，促进果实着色；二是果实采收后至落叶前，对树势较壮、结果较多的中晚熟品种进行落头、疏间或回缩部分过密的大枝，疏除直立枝和徒长枝，能改善树冠内部的光照条件，有效控制树冠扩大，防止郁闭。此期是控制强旺树，防止冬剪过重而返旺徒长的最佳时期。

另外，从修剪时期上看，若把冬剪工作提前到秋季或推迟到春季进行，均可起到缓和树势的作用，适用于适龄不结果的旺树。

三、修剪方式的综合运用

1. 枝条生长的促控

（1）促进枝条生长

①饱满芽处短截　利用芽的异质性，在饱满芽处短截，促发长枝。苹果幼树期为了扩大树冠，对主枝延长头在饱满芽处进行中短截，促使枝条快速延伸。弱树或弱枝，对其部分果枝在饱满芽处进行短截，去除顶部花芽，可促发壮枝，利于更新复壮。

②保持直立生长　利用顶端和垂直优势，为了促进尚未达到生长高度的中心干延长枝的生长，使其保持直立。

③抬高枝条角度　枝组生长较弱时通过回缩或疏间，去平生或下垂，留斜上，以角度较高的强壮枝当头，促进枝组的更新复壮（图 4-45a、图 4-45b）。

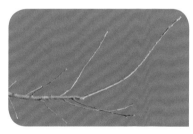

▲ 图 4-45a　回缩以强枝当头（剪前）　▲ 图 4-45b　回缩以强枝当头（剪后）

④疏间时去弱枝留强枝　对于一个大枝或枝组，疏间其上着生的弱小枝条，可增强大枝或枝组的生长势。

⑤疏除周围竞争性枝　疏除周围生长势较强的枝，如疏除一个并生枝，可以促进保留下的枝的生长；对中心干延长头或主枝延长

头，控制其下部 1 ~ 3 个竞争枝的生长或换生长势强的枝做枝头，可以促进延长头的生长（图4-46）。

⑥减少结果枝量 少留果枝，枝头不留果，可以促进枝条的生长，有利于更新复壮。

（2）控制枝条生长

①不饱满芽处短截 利用枝条基部、顶端和盲节上下的一些不饱满芽和瘪芽发育不充实的特性，在不饱满芽、瘪芽和盲节处进行轻短截，促其萌发弱枝，减缓枝条的生长。

②长放 全株树大部分枝长放不剪，保留较多的枝和芽，分散树体营养，可以减弱整株树的枝条的生长势。

▲ 图4-46 竞争枝疏除后效果

③开张枝条角度 通过拉枝开角、去直立枝留平斜枝、回缩、用背下枝当头等措施，保持主枝或枝组较大的开张角度，甚至令其下垂，以减缓主枝或枝组的延伸生长（图4-47a、图4-47b）。

④疏间时去强留弱 对于强壮枝组，多疏除其上着生的枝条，去强枝，留弱枝，减少枝叶量，可以减弱强壮枝组的生长势。主枝或枝组延长头，以弱枝当头，可以减缓主枝或枝组的延伸生长（图4-48a、图4-48b）。

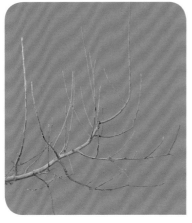

▲ 图 4-47a　背下枝当头开张角度之一

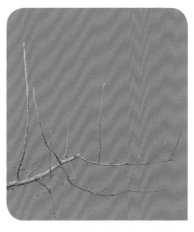

▲ 图 4-47b　背下枝当头开张角度之二

▲ 图 4-48a　去强留弱之一

▲ 图 4-48b　去强留弱之二

　　⑤留牵制枝　利用枝条基部直立枝牵制枝条延长头的生长。

　　⑥多留结果枝　通过多留果枝，多留果，以果压冠，控制枝条生长。

　　⑦扭梢、软化　通过扭梢、软化等使枝梢局部受伤，可减弱枝条的生长势。

　　⑧摘心　在生长季对中心干延长头或主枝延长梢下部的 1 ～ 3

个竞争梢进行摘心，可以控制竞争梢的生长。

⑨环剥、环刻 用于控制强旺树、上强下弱树，或某一强壮枝的生长势，通过在主干、中心干或强枝的基部进行环剥、环刻，可以减弱环剥口或环刻口上部或前端枝条的生长。

此外还要考虑局部与整体的关系，如控上以促下、抑前以促后、控制强主枝促进弱主枝生长等。

2. 枝量调节

（1）增加长枝量 长枝可以形成骨干枝，扩大树冠。增加长枝量的主要修剪措施有：①在饱满芽处进行中、重短截，促发长枝。②在幼树成形过程中，通过在中心干上目伤促发长枝，培养主枝；或在缺枝处进行目伤，促发长枝补充空位。目伤在春季发芽前进行，越早促发长枝效果越强。

（2）增加短枝量 苹果进入盛果期后以短果枝结果为主。增加短枝数量的修剪措施有长放、多道环刻、开张枝条角度等。

（3）减少枝量 枝叶量大、树冠郁闭的树应及时疏间，减少枝量。

①减少骨干枝量 幼树期为了促进中心干的加粗生长，加快树体扩冠，常常在中心干上保留较多的枝，在树体基本成形后按树形要求逐年疏间，疏除开张角度较小、短枝量少、过长或过粗、并生、重叠、轮生的枝。

②疏间密挤枝组 盛果期树因修剪过轻或短截过多，往往造成枝组密挤现象，应及时疏间或回缩。对背上直立枝组、背下衰弱枝组疏间或回缩，对斜生枝组采用大、小枝组相间隔的布置方式进行疏间或回缩，以保证枝组的生长空间。如细长纺锤形，主枝上着生的枝组以间隔20厘米为宜。

3. 促进花芽形成　树势过旺，或幼树阶段枝量少，枝类组成不合理等会抑制花芽的形成，从而影响果园的产量和效益。如果适龄不结果，没有发挥以果压冠的作用，使树势过旺，就会造成全园郁闭。因此，生产中除加强土、肥、水管理，使树体生长健壮之外，还要根据果园花芽少的原因，采取相应的修剪措施，促进花芽形成。

（1）长放修剪　长放修剪是促进花芽形成的一项主要措施。长放修剪留枝多，叶片多，可以为花芽形成提供较多的光合产物；长放修剪增加了易于形成花芽的短枝比例，同时缓和了生长势，为营养生长向生殖生长转化创造了条件。试验表明，相比短截修剪，长放修剪的干周和冠径增长更快，新梢生长缓和，短枝比例大，累计产量高。一般生长健壮的苹果树，可由扩冠期最后1年（乔砧普通型苹果3年生左右）开始长放修剪。

（2）枝梢处理　对强壮枝长放不短截，对直立枝在发芽后进行曲别、软化，对强壮枝发芽前后多道环刻以促发短枝，当长放枝的分枝长度达到5厘米以上时拉枝开角；5月份对新梢进行拧梢、6—7月份继续拉枝开角，均可以缓和生长势，促发短枝，促进花芽形成。

（3）环剥和环刻　对于难成花的乔砧普通型苹果树，主干或大枝基部环剥、环刻是促进花芽形成的显著措施之一，适用于压冠期的苹果树。

生长健壮的苹果树，由开始长放修剪的当年（3年生左右）对长放的长枝于发芽前后进行多道环刻，促进出枝。为了促进成花，可于5月份（落花后10～40天）对辅养枝（临时枝组）进行环剥或环刻（较小的枝）；4年生树可重复3年生树的成花措施，但环剥枝量要适当增多，可包括生长壮的主枝；5～7年生树如果仍结果很少、树势旺盛，株间枝梢搭接时，可在4月下旬（落花期）进行树干环剥。

若树势过旺，新梢年生长量在1米以上，同时又是不易成花的品种，如红富士、国光等，则可在剥口愈合后进行第二次树干环剥，以利成花；8～10年生树若花芽量适宜（20%左右），则可在生长壮、花芽较少的主枝和辅养枝上进行环剥；10年生以后的树，一般情况下不再采用环剥技术，但对个别结果少、生长壮的树可酌情应用。

4. 提高坐果率

（1）适度冬剪　苹果树在生长旺盛、花芽较少的情况下，修剪过重会导致旺长，果枝营养不足，坐果率较低；在生长较弱、花芽过多的情况下，修剪过轻则会营养分散，坐果也不好。生长旺盛、花芽较少的树，冬剪量要占总枝量1/10左右；生长较弱、花芽过多的树（压冠期），冬剪量为1/5～1/3较适宜。

（2）早期摘心　当新梢长到10厘米左右时（5月上旬），对果台副梢和壮新梢进行摘心，控制旺长，减少其对幼果争夺营养的能力，有利坐果。据试验，4年生金冠品种早期摘心相比对照坐果率提高1.3倍。对富士品种果台副梢早期摘心、壮旺新梢摘心（留10～20厘米），也有提高坐果率的作用（表4-4）。

表4-4　红富士苹果不同副梢类型果台坐果率比较

副梢类型	单中梢	单短梢	单长梢	双梢	无梢
花序坐果率（%）	51.64	51.1	46.42	41.21	62.86

（3）早期环剥　对苹果壮树于盛花期至落花后 5 天进行环剥，能抑制剥口上部树体的营养生长，为幼果生长发育积累较多的碳水化合物，可以提高坐果率（表 4-5）。

表 4-5　红富士苹果提高坐果率试验结果

处　理	花序坐果率（%）	花朵坐果率（%）
花期人工授粉	80	27.3
花期喷硼	88.3	25.3
花后 5 天主干环剥	95	38.3
对　照	85	24.7

第五章

树形分类

一、树形分类

苹果树形一般根据中心干的有无、中心干的着生状态、树冠形状、骨干枝分层与否等进行分类（图5-1）。目前，苹果常用树形的基本结构见表5-1。

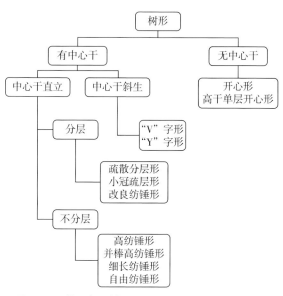

▲ 图5-1　苹果常用树形

表 5-1　苹果主要树形基本结构

树　形	层　数	主　枝	侧　枝	主枝或分枝			
				数量（个）	长度（米）	角度（度）	枝干比
细长纺锤形	不分层	小	无	20～25	1～1.2	90～120	1:3
高纺锤形	不分层	无	无	30～40	0.6～0.8	90～120	1:4
自由纺锤形	不分层	中	无	10～15	1.5～2	80～90	1:2
高干单层开心形	一层	大	有	3～4	2～3	70～80	—
小冠疏层形	二层	中	有	5～7	1.5～2	80～90	1:2

二、树形选择

　　生产中需要根据砧木、品种、栽植密度等的不同选择适宜的树形（表5-2）。

表 5-2　砧木和品种类型适用的栽植密度和树形

砧木和品种类型	栽植密度			采用树形
	株距（米）	行距（米）	每亩株数（个）	
矮化性强的砧木	0.8～1.4	3.3～4	119～252	高纺锤形
	0.8～1.4	4～6	79～208	"Y"字形
	0.5～0.8	4～6	138～333	"V"字形

砧木和品种类型	栽植密度			采用树形
	株距（米）	行距（米）	每亩株数（个）	
矮砧＋短枝型	1.5～2	3.5～4	83～127	细长纺锤形
矮砧＋普通型 乔砧＋短枝型	2～2.5	4～5	53～83	细长纺锤形
乔砧＋普通型	3～4	5～6	28～44	自由纺锤形， 高干单层开心形

第六章
高光效树形及成形过程

一、细长纺锤形

▲ 图 6-1　细长纺锤形

1. 树体结构　干高 70～80 厘米，树高 3～3.5 米，冠径 1.5～2.5 米。中心干直立强壮，中心干上均匀分布 20～25 个小主枝（侧生枝），小主枝单轴延伸，不留侧枝，其上着生中、小枝组。同方位主枝（两主枝投影夹角小于 30°）上下间距保持 50 厘米以上。主枝开张角度 90°～120°，主枝与中心干的粗度比小于 1：3。主枝长约 1 米，下部稍长，向上递减，整个树冠瘦长，呈细长纺锤状（图 6-1）。

2. 成形过程

（1）第一年

①萌芽前

第一，定干。即在定植后距地面一定的高度对苗木进行短截。定干高度依苗木质量、立地条件等而定。一般苗木高 1.2 ~ 1.5 米的定干高度 1 米；苗木高度 1.5 米以上的定干高度 1.2 米，在饱满芽处短截；苗木强壮，粗度大于 1.5 厘米，高度大于 1.8 米的也可以不定干（图 6-2）。萌芽前，中心干上长度大于 15 厘米或粗度超过着生部位中心干粗度 1/3 的分枝采用斜剪法重短截，其余分枝长放不剪（图 6-3）。

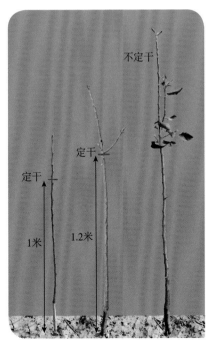

▲ 图 6-2 定干

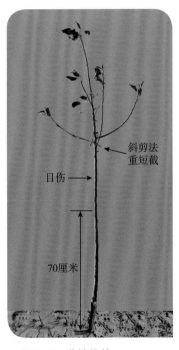

▲ 图 6-3 分枝修剪

第二，目伤。定干较高的苗木，萌芽前1周前后，从地面上70厘米处开始，至剪口下20厘米，目伤或涂抹发枝素，按方位错开、着生点分散的原则，每隔10～15厘米处理1个芽，促发长枝。

▲ 图6-4　除萌

② 萌 芽 后　除萌，抹除距地面60厘米以内的嫩梢（图6-4）。

③5月中下旬

第一，促进中心干延长梢的生长。选第一芽萌发的新梢作为中心干的延长梢，如果第一芽梢生长较弱可用第二芽梢代替，并剪除第一芽梢；为保证第一芽梢的生长优势，对中心干上发出的强壮的第二芽梢或第三芽梢采取重摘心或扭梢等措施控制其长势；将中心干延长梢绑缚在直立竹竿上，以保持延长梢的直立生长（图6-5）。

第二，开张基角。对长度大于30厘米的中心干上的侧生分枝，采用牙签支撑、拿枝软化、

绑缚，保持直立

扭梢

摘心

▲ 图6-5　保持中心干延长梢直立

拉枝等方式开张枝条的基部角度，使其保持在70°～80°。

④6—7月份 当中心干上着生的新梢长到80厘米以上时，可以进行摘心，生长壮的重摘心，弱者轻些或不摘心，以平衡选留新梢的长势。

⑤8—9月份 8月份将中心干上着生的长度大于80厘米的新梢（中心干延长梢除外）进行拉枝，角度90°～120°，并对长度大于80厘米且未停长的新梢，进行摘心，并剪除生长点下2～3片叶片，控制延长生长（图6-6）。9月份对还未停长的新梢进行摘心，以促进组织成熟，增加树体的抗寒性能。

▲ 图6-6 拉枝、摘心

（2）第二年

①萌芽前 中心干延长枝在饱满芽处进行轻短截，截留长度60厘米以上，并使株与株之间的高度基本保持一致；中心干延长枝生长较弱的用其他壮枝代替换头。

侧生分枝的选留。从地面上70厘米处开始，按长势均衡、方位错开、着生点分散的原则选留侧生分枝，作为备选小主枝，全树选留8个以上。选留的枝条长放不剪，其他枝条一律疏除（图6-7a、图6-7b）。

若侧生分枝数少于8个，则对长度大于15厘米的侧生分枝留

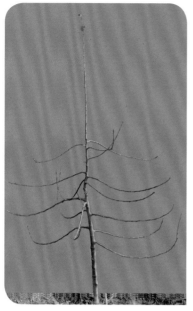

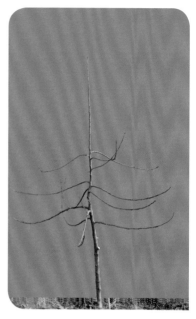

▲ 图 6-7a　侧生分枝选留（剪前）　　▲ 图 6-7b　侧生分枝选留（剪后）

1 ～ 1.5 厘米进行斜剪法重短截，促进其重新萌发开张角度较大的分枝，缺枝处刻芽（图 6-8a、图 6-8b）。

去掉中心干上距地面 70 厘米以下的枝。

萌芽前 1 周前后，对中心干延长枝从基部 20 厘米到剪口下 20 厘米，每隔 10 ～ 15 厘米目伤 1 个芽，促发长枝。

②萌芽期　对选留的小主枝进行多道环刻。枝条顶部留 30 厘米左右不刻伤。环刻时注意环刻口要在背上芽的下方，这样可以抑制背上芽的生长。进行多道环刻的时期是春季发芽期至新梢开始生长期。多道环刻有促发短枝的作用。

③5—6 月份　5 月中下旬主要是促进中心干延长梢的生长，同第一年，选第一芽萌发的新梢作为中心干的延长梢，如果第一芽

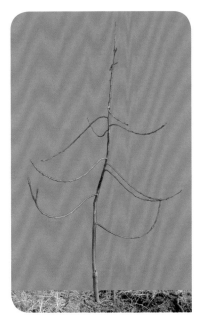

▲ 图6-8a　侧生分枝修剪（剪前）

梢生长较弱可用第二芽梢代替，并剪除第一芽梢；为保证第一芽梢的生长优势，对中心干上发出的强壮的第二芽梢或第三芽梢采取重摘心或扭梢等措施控制其长势；对中心干延长梢用竹竿进行绑缚，以保持其直立生长。

　　中心干上的侧生新梢，在其长度20～30厘米时，用牙签等开张枝条的基部角度，使其保持在70°～80°。

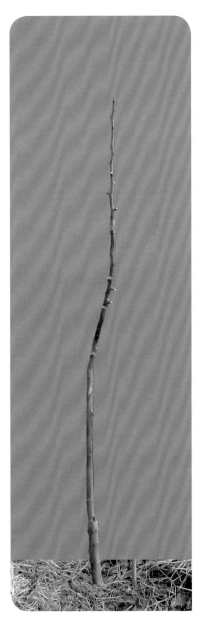

▲ 图6-8b　侧生分枝修剪（剪后）

对小主枝背上的生长旺梢、小主枝延长梢的竞争梢进行疏除或扭梢。

④8—9月份　8月份，将中心干上着生的长度大于80厘米的新梢（中心干延长梢除外）进行拉枝；角度90°～120°，并对长度大于80厘米且未停长的新梢进行摘心，并剪除生长点下2～3片叶片，控制延长生长。生长势旺和中心干上部的枝拉枝角度大些，着生在中心干下部或长势偏弱的枝条角度小些；普通长枝型品种角度大些，短枝型品种角度小些，确保中心干健壮生长。

（3）第三年

①萌芽前　最上面一个小主枝的着生高度没有达到2.5米的，继续对中心干延长枝短截和目伤，最上面一个小主枝的着生高度达到2.5米的树，中心干延长枝长放不剪（图6-9）。

在中心干上分枝，疏除枝干比大于1/3的粗壮枝，疏除同方位间距小于50厘米的重叠枝，疏除并生枝、轮生枝、过密枝以及距地面70厘米以内的分枝；中心干上缺枝处进行刻芽，促发长枝（图6-9）。

对小主枝上着生的直立枝、主枝延长头的竞争枝进行疏间（图6-9）。

②萌芽期　对留下的1年生小主枝进行多道环刻（图6-9）。环刻时注意枝条顶部留30厘米左右不再刻伤；环刻口要在背上芽的下方，这样可以抑制背上芽的生长；多道环刻的时期是春季发芽期至新梢开始生长期。多道环刻有促进新梢萌发和成花的作用。

③5—6月份　5月中旬对主枝上部萌发的直立梢进行拧梢或疏间。6月对小主枝上部萌发的直立梢进行拧梢或摘心，过密的枝梢本着去强留弱、去叶留花、去长留短的原则进行疏间。酌情采用环剥或环刻等促进花芽形成的措施。

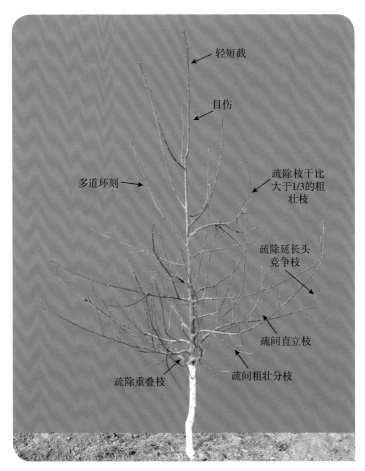

轻短截

目伤

多道环刻 →

疏除枝干比
大于1/3的粗
壮枝

疏除延长头
竞争枝

疏间直立枝

疏除重叠枝

疏间粗壮分枝

▲ 图6-9 第三年冬季修剪

④8—9月份 8月份继续拉枝，开张主枝的梢角，使其角度
保持在90°～120°。对小主枝上斜上生长的枝进行软化或拉枝至
水平。

（4）第四年

①萌芽前（图6-10）对树高已达3米的，中心干延长枝长

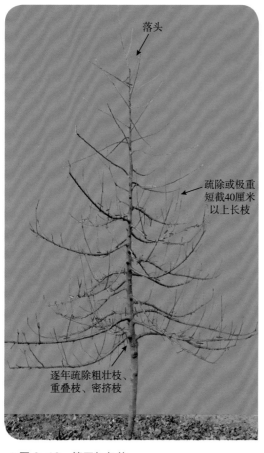

图中标注：
落头

疏除或极重
短截40厘米
以上长枝

逐年疏除粗壮枝、
重叠枝、密挤枝

▲ 图6-10 第四年冬剪

放不剪；树高过高的，采取弱枝换头修剪，控制树体长势；对树高不符合树形要求的，继续对中心干延长枝进行短截，剪口处留饱满芽。

疏除中心干上枝干比大于1/3的粗壮枝，疏除同方位间距小于50厘米的重叠枝，疏除并生枝、过密枝。疏除距地面70厘米以内的分枝。

将小主枝上距中心干较近或周围中、短枝较多的徒长枝和生长较壮的长枝（40厘米以上）进行疏除，缺枝处对徒长枝或长枝留3厘米进行极重短截，以便翌年抽生弱枝补充空间；较弱的长枝（40厘米以下）甩放不剪，翌年结果或培养小型长放结果枝组；使小主枝上枝组间距保持在15～20厘米，疏除小主枝延长头上的竞争枝。

②5—6月份 对小主枝上部萌发的直立梢进行拧梢或摘心，

过密的枝梢本着去强留弱、去长留短的原则进行疏间。

③8—9月份 继续拉枝，开张小主枝的梢角。对小主枝上斜上生长的枝进行软化或拉枝至水平。

（5）第五年及以后 修剪方法与第四年基本相同，但应注意以下几个方面。

第一，利用长放、回缩等方法进行小型结果枝组的培养与更新。即对小主枝上的中庸长枝（40厘米以下）长放，当年培养成小型的长放结果枝组，第二年结果后视枝组的大小进行适度回缩，促使枝组下部出枝，以后再回缩，经3～4年培养成短轴结果枝组。将结果多年的衰弱枝组回缩至枝组下部生长较壮的枝条处，以更新复壮。小主枝上枝组较多较密时可疏除衰弱枝组，保持枝组间距15～20厘米（图6-11至图6-13）。

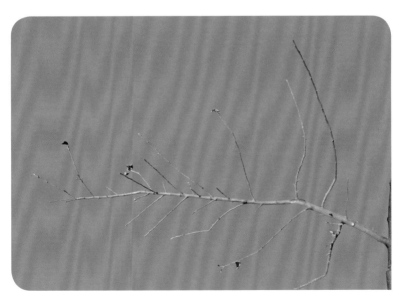

▲ 图6-11 小型结果枝组的培养与更新之一

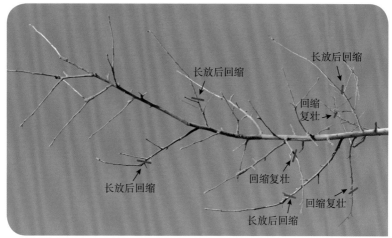

▲ 图6-12　小型结果枝组的培养与更新之二

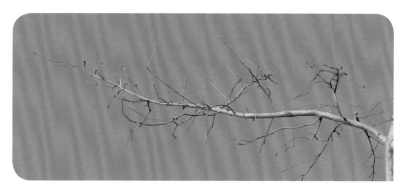

▲ 图6-13　小型结果枝组的培养与更新之三

　　第二，控制树高。当树高超过标准时，应适当落头（图6-14）。落头高度以2.5米左右为宜，落头时要留跟枝。

　　第三，更新小主枝。小主枝过粗过长易引起交叉郁闭，应进行调整与更新。可用小主枝中下部较大的枝组替代原枝头；也可在秋季将小主枝前部的长放枝顺直绑缚到主枝上，第二年培养成新枝头，冬季将原头疏除。主枝更新要有计划地进行，每年选最粗、最大的一条枝更新1～3个。一次更新过多，会影响当年产量，也不利于树势稳定。

3. 整形注意事项　细长纺锤形要求中心干直立强壮，树冠瘦长。整形过程应注意以下几个方面。

第一，保持中心干直立强壮，中心干延长头生长势强壮（图6-15）。中心干生长势绝对不能弱，在生产当中一般可在定植以后每棵树绑一立柱，以保证中心干笔直；对顶芽饱满的中心干延长头一般不短截，对于长势较弱的可以在饱满芽处进行轻短截或换强枝当头，以保证延长头绝对的顶端优势和垂直优势；在树体成形前，要控制树体的留果量，尤其是中心干上部的留果量，对于下强上弱的树，中心干上

▲ 图6-14　控制树高

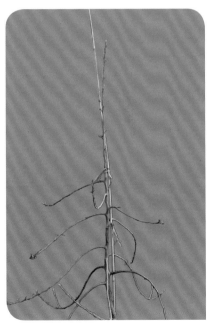

▲ 图6-15　保持中心干直立

部要少留果或者不留果。

第二，调整小主枝的距离、方位、角度与数量。当中心干某个部位小主枝少，出现空位时，可将密挤处的小主枝通过支、拉、别、压等方法调整小主枝的方位，补充空位，也可通过培养长放枝、缺枝处目伤出枝再培养等方法增加主枝的数量；小主枝过多过密造成通风透光不良的，应采用拉枝的措施使小主枝扭转到缺枝处或用疏间等方法减少小主枝的数量，疏除中心干上枝干比大于1/3的粗壮枝，疏除同方位间距小于50厘米的重叠枝，疏除并生枝、过密枝，最终使小主枝的数量控制在20～25个。

控制小主枝的粗度和长度。中心干上着生的小主枝绝对不能过粗或过长，一般要求小主枝不超过中心干粗度的1/3。控制小主枝的粗度和长度同样有促进中心干生长的作用。

第三，使小主枝单轴延伸（图6 16）。疏除小主枝上大于小主枝粗度1/3的侧生枝。

第四，防止小主枝翘头。小主枝开张角度后，因主枝延长

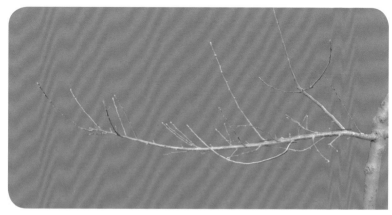

▲ 图6-16　主枝单轴延伸

枝的继续延伸或再次生长，会出现小主枝翘头现象，为了防止小主枝翘头，可采用二次开角的措施：5—6月份开张基角，6—7月份摘心，在新梢接近停长或停长后的8—9月份开张梢角；也可于生长季在角度平生或下垂小主枝的基部保留一强壮枝作牵制枝，以分散小主枝延长头的营养，减缓其生长，从而防止翘头（图6-17）。

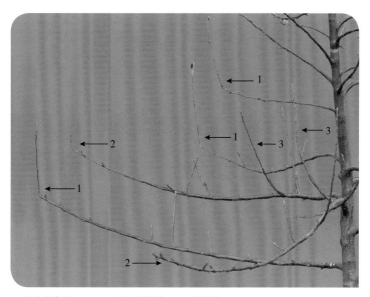

1.小主枝翘头；2.小主枝未翘头；3.牵制枝

▲ 图6-17　防止小主枝翘头

二、高纺锤形

适宜高密栽植。中心干上直接着生中、小型结果枝组，没有永久性主枝，树高与冠径比值2.3 ~ 3.3，是比细长纺锤形更加瘦长的一种树形；产量高，树势也好控制，修剪简易，多以疏除、长放两种方式为主，适合机械化、集约化栽培管理。生产上需采用矮化性强的矮化砧苗木，并设立支架和立柱。

1. 树体结构　　中心干直立，干高 70 ～ 80 厘米，树高 3.5 ～ 4.0 米，冠径 1.2 ～ 1.5 米。在中心干上均匀着生 30 ～ 40 个中、小型结果枝组，开张角度 90°～ 120°，下部枝组长 60 ～ 80 厘米，向上依次减小，枝组基部粗度小于着生部位中心干粗度的 1/4（图 6-18）。

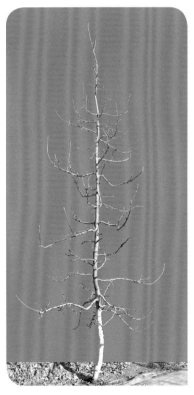

▲ 图 6-18　高纺锤形

2. 成形过程

（1）第一年

①萌芽前　定植后进行定干。苗木干径大于 0.8 厘米、高度大于 150 厘米、长度大于 20 厘米的分枝数量少于 8 个的普通苗定干高度为 100 ～ 120 厘米（图 6-19）；干径大于 1.5 厘米、高度大于 180 厘米、长度大于 20 厘米的分枝数量多于 8 个的多分枝大苗不定干（图 6-20）。

萌芽前，中心干上长度大于 50 厘米或粗度超过着生部位中心干粗度 1/3 的分枝采用斜剪法重短截，其余分枝长放不剪。

定干和重短截的苗木，萌芽前中心干距离地面 70 厘米以上时开始刻芽或涂抹发枝素（图 6-19）；多分枝大苗，对中心干延长枝刻芽或涂抹发枝素。按方位错开、着生点分散的原则，每隔 10 ~ 15 厘米处理 1 个芽（图 6-20）。

②萌芽后　疏除中心干上距离地面 70 厘米以下的萌蘖。

③5—6 月份　中心干上的新梢长至 15 ~ 20 厘米时，进行拿

定干　→
目伤　→
斜剪法
重短截
目伤　→

←目伤
斜剪法
重短截　→
疏除　→

▲ 图 6-19　普通苗　　　　▲ 图 6-20　多分枝大苗

枝软化或牙签开角，角度90°（图6-21）。

中心干延长枝顶部新梢长至10～15厘米时，选留直立健壮的新梢为延长枝，绑缚保持直立；对其下1～2个竞争性新梢进行摘心、扭梢或疏除（图6-21）。

多分枝大苗，中心干上新梢长至15～20厘米时，对中心干上部1/4段内的新梢摘心，并剪除生长点下2～3片叶片，生长季摘心1～3次。

图6-21 第一年生长季修剪

每株树旁固定一根长3～4米的竹竿，将中心干及延长枝绑缚于竹竿上（图6-21）。

④8—9月份 将长度大于25厘米的新梢和枝条进行拉枝，角度90°～120°。生长势旺和中心干上部着生的新梢开张角度大些，生长势偏弱或中心干下部着生的新梢则开张角度小些（图6-21）。

（2）第二年

①萌芽前 中心干上长度大于50厘

米或粗度超过着生部位中心
干粗度1/3的分枝采用斜剪
法重短截，其余分枝长放不
剪（图6-22、图6-23）。

疏除结果枝组上长度
大于40厘米的枝条（图
6-24）。

对中心干延长枝进行刻
芽或涂抹发枝素。按方位错
开、着生点分散的原则，每
隔10～15厘米处理1个芽
（图6-22、图6-23）。

②开花前　疏除部分花
序，枝组长度大于50厘米
的保留花序1～2个。

③5—6月份　坐果后，
枝组长度大于50厘米的保
留壮果1～2个，每株留果
10个左右。对中心干上的新
梢进行拿枝软化或开角。继
续注意控制中心干延长枝的
竞争枝。中心干延长枝顶部
新梢长至10～15厘米时，
选留直立健壮的新梢为延长
梢，绑缚保持直立；对其下

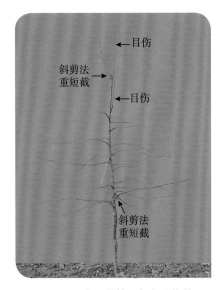

▲ 图6-22　普通苗第二年冬季修剪

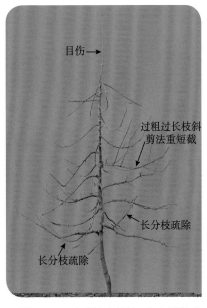

▲ 图6-23　多分枝大苗第二年冬季修剪

1～2个竞争性新梢进行摘心、扭梢或疏除。

疏除中心干上剪口处的并生梢、过密梢及中心干上距地面70厘米以下的分枝；疏除枝组延长枝竞争梢。枝组延长梢长15～20厘米时进行摘心。枝组背上新梢长至15～20厘米时进行扭梢。

④8—9月份 8月下旬至9月下旬，对中心干上的新梢进行拉枝，方法同第一年。

（3）第三年

①萌芽前（图6-24）对中心干上粗度超过着生部位中心干粗度1/4的枝条、长度大于80厘米的枝条或过密的枝条，采用斜剪法重短截；对枝组上着生的背上枝、长度大于40厘米的枝条及延长头竞争枝进行疏除或留3厘米进行极重短截。继续对中心干延长枝进行刻芽或涂抹发枝素。

②开花前 花前疏除枝组上部分花序，每个枝组保留花序1～3个。

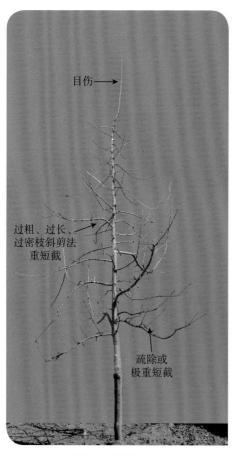

目伤→

过粗、过长、过密枝斜剪法重短截

疏除或极重短截

图6-24 第三年冬季修剪

③5—6月份 坐

果后，保留壮果，每枝组留果 1 ~ 3 个，每株留果 40 个左右。枝组背上新梢进行扭梢处理。

④ 8—9 月份　对中心干上新梢和枝条进行拉枝开角和摘心处理。

（4）第四年

①萌芽前　重短截中心干上的过粗、过长、过密枝；疏除枝组上的背上枝、过长枝和竞争枝，方法同第三年。保留枝组数量 30 ~ 40 个。

②开花前　花前疏除枝组上的部分花序，每个枝组保留花序 3 ~ 5 个。

③ 5—6 月份　坐果后保留壮果，每枝组留果 1 ~ 4 个，每株留果 80 ~ 100 个。

④ 8—9 月份　继续对中心干上新梢和枝条进行拉枝开角、摘心、扭梢处理。

（5）第五年及以后

①萌芽前（图 6-25）　缓放中心干延长枝，树高超过 4 米或中心干延长枝生长过旺时，将其回缩到延长枝下部较弱的枝条，使树高保持在 3.5 ~ 4 米。

结果枝组粗度超过着生部位中心干粗度 1/4 的进行斜剪法重短截，每年最多短截更新 3 个侧生枝组。

②开花前　花期疏除枝组上部分花序，每侧枝保留花序 3 ~ 5 个。

③ 5—6 月份　坐果后保留壮果，每枝组留果 1 ~ 5 个，亩留果量控制在 1.5 万 ~ 2 万个。

④ 8—9 月份　继续对中心干上新梢和枝条进行拉枝开角、摘

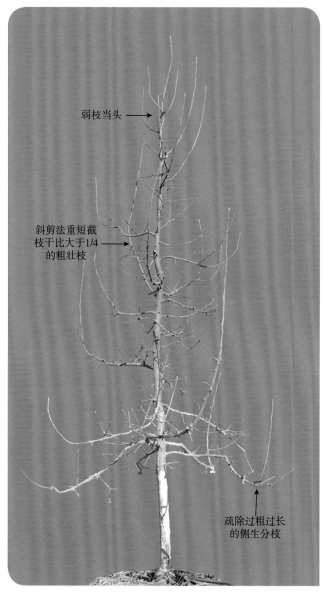

弱枝当头 →

斜剪法重短截
枝干比大于1/4 →
的粗壮枝

疏除过粗过长
的侧生分枝

▲ 图 6-25　第五年冬季修剪

心、扭梢处理。

3. **整形注意事项**　高纺锤形与细长纺锤形相似，同样要求中心干强壮直立，但树冠更加瘦长。整形过程的关键是培养强壮的中心干，在中心干上直接着生枝粗较细、长短不一、角度开张的结果枝组。①保持中心干生长势强壮。绑缚立柱使中心干及延长枝笔直生长，以最高处饱满芽的萌发枝当头，控制延长枝的竞争枝，控制中心干延长枝头及下部50厘米内的留果量，以保持中心干生长的绝对优势。②拉开中心干上着生枝组与中心干的粗度。疏除着生在中心干上的过大过粗的枝组，一般要求枝组不超过中心干粗度的1/4。为了保证枝组更新，去除中心干上枝组时应采用斜剪法重短截，促发出平生的中庸枝，培养长轴结果枝组。

三、高干单层开心形

开心形是目前苹果乔化普通型品种栽培中比较理想的树形，其特点是主枝开张、树冠扁平、叶幕薄、枝条下垂结果。开心形根据干的高低可分为高干开心形、中干开心形和低干开心形，根据冠幅大小又可分为大冠开心形和小冠开心形。

高干单层开心形干高一般在1.5米以上，冠下作业方便。落头开心后，内膛光照量增加，园内通风透光好，消除了下部的无效光区。树冠为水平一层，叶幕薄，枝、叶、果全部见光，果实品质高。修剪以长放为主，修剪方法简单，长轴下垂结果枝组容易成花，容易形成立体结果状，产量高。高干单层开心形有诸多优点，也存在许多问题，如整形复杂而漫长，树冠较高不利于机械作业等，可作为原有种植乔砧普通型苹果树冠过大后的改造树形。

1. **树体结构** 主干高 1.2 ~ 1.5 米，中心干高 2.5 米左右，树高 2.5 ~ 3 米，树冠单层，叶幕厚 2 米左右。中心干上着生 3 ~ 4 个主枝，呈上下错落、水平向不同方向伸展，主枝开张角度 70°~ 80°。主枝上着生长轴下垂状结果枝组和中、小型结果枝组（图 6-26）。

▲ 图 6-26 高干单层开心形

2. **成形过程** 高干单层开心形的培养是由主干形向开心形的过渡过程，一般分为三个阶段，即主干形阶段、过渡阶段、成形阶段。

（1）主干形阶段 树龄约 10 年生前，可以按自由纺锤形的成形过程进行整形修剪。

（2）过渡阶段（图 6-27） 11 ~ 15 年生的树，此时期为自由纺锤形向高干单层开心形过渡的时期，主要任务是落头、降低树高和逐步疏除下部主枝，提高干高，使主枝数减少到 5 ~ 6 个。

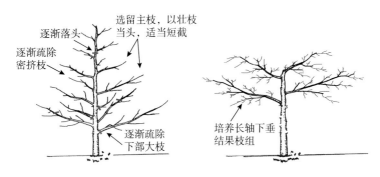

逐渐落头

逐渐疏除
密挤枝

选留主枝，以壮枝
当头，适当短截

逐渐疏除
下部大枝

培养长轴下垂
结果枝组

▲ 图6-27 过渡阶段的修剪

①落头　对树冠过高的树逐年分次落头，降低树高至3米左右。落头不能一次到位，要经3～4年分次、分段下落，每次大概下落半米。下落的部位处应留有一个小侧枝作为新的树头，既可促进锯口愈合，又防日灼。最后一次落头位置在最上部永久性主枝的上方30厘米处，锯口处可以留1～3个小枝条。

②提干　逐步疏除着生位置低于干高要求的主枝，提高主干高度，打开"底光"。提干也要分3～4年进行，每年疏除大枝1～2个。下部的粗大主枝截留营养会影响中部主枝生长，要及时将其去除，使中部主枝得到更多营养更快发展起来。凡是因大枝上下重叠使下部枝受光不良不能结果的部分都应及时疏除。对于受光好结果好的下部枝条，只要不影响中部主枝生长都可以暂时保留继续作结果用，维持产量稳定。

③选留主枝　选留永久性主枝，从中心干上1.5～3米高处生长的主枝中选择3～4个开张角度在70°～80°、上下错落、水平向不同方向伸展、生长健壮的主枝，作为永久性主枝培养，其余的大枝则作为过渡性枝结果用。过渡性枝逐步缩小直至疏除，每年疏除1～3个。选留的主枝延长头以强壮枝当头，可加快树冠扩张。

对于栽植密度较小、采用大冠开心形的，在主枝上选留1～2个分枝作为侧枝培养，以补充树冠空位。

（3）成形阶段　约15年生以后，按高干单层开心形整形，主枝减少到3～4个，这个时期主要是注意长轴下垂状结果枝组（图6-28）的培养和更新，维持稳定的树形。

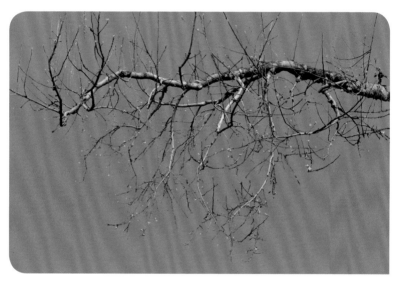

▲ 图6-28　长轴下垂状结果枝组

长轴下垂状结果枝组的培养与更新：在休眠期选择果树主枝或大型骨干枝上生长较壮、长度50厘米以上的1年生枝（包括背上枝、直立枝）进行长放不剪；萌芽后对长放的背上枝、直立枝或角度不适宜的斜生枝进行拉枝，开张角度至平生或下垂；长放枝成花结果后不回缩短截，用果台副梢或中庸枝连续甩放延长，这样多年长放即形成一个较大的长轴下垂结果枝组。4～5年后结果枝组衰弱时，及时选留枝组后部背上或枝组邻近优势枝条作为预备结果枝进行培养，对原枝组逐渐回缩，达到更新复壮的目的。在培养长轴结果枝组的过程中，若在第一、第二年采用刻芽或多道环刻的措施，则可促发短枝，缩短结果枝组的形成年限。

3. 整形注意事项　高干单层开心形的成形过程慢，早期产量较低，一般采用计划密植的栽培管理方法，即定植时按最终成形后株数的 2 ~ 3 倍进行栽植，隔行或隔株确定永久株和临时株。每年对临时株加强成花和坐果管理，使之早结果多结果，并随永久株的扩冠而逐渐通过拉枝和回缩的方法控制和缩小树冠，给永久树让出空间，直至最后间伐掉。对永久株加强肥水管理，使之适量结果，迅速扩冠。10 年生后对永久株逐年改形，按疏低留高的原则有计划地逐年疏去下部主枝，避免大砍大伐，将干高逐年逐步抬高至1.2 ~ 1.5 米，要分清一株树上的永久枝和临时枝，逐步缩小并最终疏去临时主枝。

四、自由纺锤形

自由纺锤形是乔砧密植栽培模式下普通型品种实现早果早丰的适宜树形。该树形前期（约 10 年生前）通风透光较好，以后随着树冠的扩大，树冠易郁闭，内膛与下部的光照不足，内膛枝及下部枝细弱甚至枯死，果品质量下降。在树冠郁闭前，树形应逐渐向高干开心形过渡，以维持较高的产量和质量，延长树体经济年龄。

1. 树体结构　干高 70 ~ 80 厘米，树高 3 米左右；中心干直立，其上均匀分布 10 ~ 15 个主枝，向四周延伸，无明显层次；同

▲ 图6-29　自由纺锤形

方位上枝和下枝之间保持50～80厘米的距离，主枝角度80°～90°，下层主枝长1～2米。在主枝上配置中、小枝组，单轴延伸，无侧枝；外观呈纺锤状（图6-29）。

2. 成形过程

（1）第一年

①萌芽前　定植后定干，定干高度90～100厘米。目伤：从地面之上70厘米处开始，长枝普通型品种每间隔3个芽目伤1个，短枝型品种每间隔5个芽目伤1个，共目伤2～3个，以提高萌芽率，增加枝量。

②夏、秋季　5月中旬，抹除距地面70厘米以内的嫩梢，对中心干延长梢下部的第二芽梢进行拧梢，控制其生长；秋季将新梢拿枝软化，角度70°～80°。

（2）第二年

①萌芽前　由于苗木质量及管理技术的差异，第二年幼树可分为三类，下面将分述每类树的特点及修剪方法。

第一类，长势壮，枝量大，长枝多的幼树。萌芽前，疏除主干之上距地面70厘米以内的枝条；在50厘米以上的长枝中，选留5～6个着生点相距10厘米以上，长势均衡、方位较好的枝条，其中3～4个为主枝、1～2个为辅养枝，对留下的枝条一律长放，其他的长枝疏除。若中心干延长枝长势弱，则用下部竞争枝换头，否则应疏除竞争枝。对中心干延长枝进行短截，剪留长度为50 ~ 60 厘米（图6-30）。

第二类，幼树长势比第一类稍弱，枝量为 5 ~ 6 个，并且长枝少。冬剪时疏除竞争枝，选择 3 ~ 4 个方位好、长势壮的长枝在饱满芽处中短截，以促发长枝，对中心干延长枝在饱满芽处中短截，其余中庸枝缓放（图6-31）。

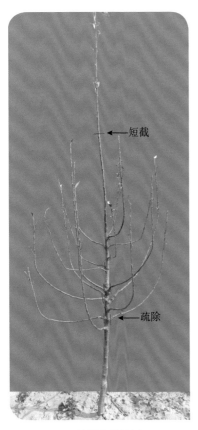

▲ 图 6-30　枝量大的幼树

▲ 图 6-31　枝量中等的幼树

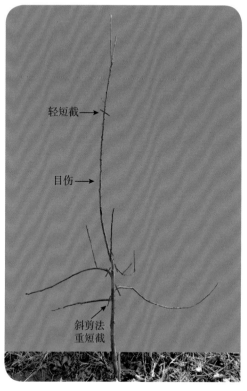

轻短截 →

目伤 →

斜剪法
重短截

▲ 图6-32 枝量小的幼树

第三类，幼树长势弱，枝量少，且长枝更少。冬剪时疏除竞争枝，留下的长枝在基部 1 ~ 1.5 厘米处极重短截，促使第二年重新发枝，对角度大的中庸枝缓放（图6-32）。

②萌芽前 1 周前后 对中心干延长枝从基部20厘米到剪口下20厘米，每隔10 ~ 15厘米目伤1个芽，目伤2 ~ 3个，促发长枝。

③夏、秋季 5月中旬抹除距地面70厘米以内的嫩梢，对中心干延长梢下部的第二芽梢进行拧梢，控制其生长；夏秋季对新梢拉枝开角，角度80° ~ 90°。

（3）第三年

①萌芽前 对于第一类树，冬剪时采用长放的修剪方法，即对上一年留下的主枝、辅养枝仍长放，主枝上的过密枝适当疏间，对两侧生长过旺的1年生枝要疏除或重短截。按长势均衡、方位错开、着生点分散的原则，在中心干上再选3 ~ 4个主枝、1 ~ 2个

辅养枝，疏除直立旺枝、竞争枝。中心干延长枝留50～60厘米短截（图6-33）。

对于第二类树，冬剪时疏除第一层主枝上的背上直立枝，对主枝延长枝的竞争枝疏除或极重短截，主枝延长枝头缓放。疏除中心干延长枝的竞争枝，中心干延长枝留50～60厘米短截，在中心干上再选留2个主枝、1～2个辅养枝（图6-34）。

对于第三类树，在中心干上选留6～7个长度50厘米以上的长枝，要求枝条着生点相距10厘米以上、长势均衡、方位较好，其中5～6个作为主枝、1～2个作为辅养枝，疏除直立旺枝，对于留下的枝长放不剪。疏除中心干

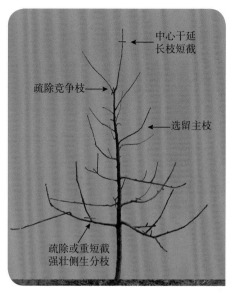

▲ 图6-33　枝量大的幼树第三年修剪

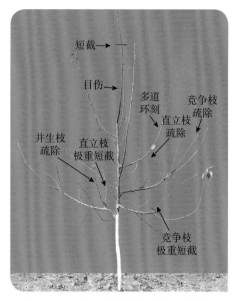

▲ 图6-34　枝量中等的幼树第三年修剪

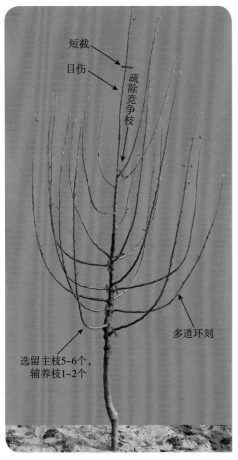

▲ 图6-35 枝量小的幼树第三年修剪

延长枝的竞争枝，中心干延长枝留50～60厘米短截（图6-35）。

②萌芽期 长放的主枝、辅养枝多道环刻，促发短枝。

③夏、秋季 5月下旬，难成花品种如红富士，对其主干或下部生长壮的主枝、辅养枝采取环剥或环割措施，控制全树或下部枝的生长势，促进花芽形成。

5月上旬至6月上旬，对主枝、辅养枝上的直立梢、强壮梢和过密梢适当疏间，其他壮梢进行扭梢或摘心。疏除主干上距地面50厘米以内的萌蘖。秋季对中心干上发出的新梢拉枝开角，使之趋于水平。

（4）第四年 通过两年的调整，第二第三类树可以与第一类树采取同样的修剪方法。

①萌芽前 中心干上继续选留3～4个主枝，1～2个辅养枝。要求同侧主枝间距在60厘米以上。树高未达3米的中心干延长枝

继续留 50～60 厘米短截，树高已达 3 米左右的，中心干延长枝可缓放，其他措施同第三年（图 6-36）。

②夏秋季 修剪措施同第三年。

（5）第五年及以后 树体过高的进行回缩落头，控制树高在 3 米左右，落头时留 20～30 厘米的保护橛，锯口处留跟枝。

▲ 图 6-36 第四年修剪

保持主枝单轴延伸，控制主枝上侧生分枝的大小，过大或过粗的要及时疏除或回缩。控制中心干上辅养枝的大小，疏除其上强壮枝组，逐年回缩，给主枝让出生长空间，直至全部疏除。

3. 整形注意事项

（1）控制基部留枝量 纺锤形树形要求中心干直立且生长势强，而基部留枝量的多少对中心干的生长势有极大影响。如果基部留枝量过多，且生长势较强，就会造成中心干长势弱，影响该树形的成形。如果留枝量过少，就会造成基部各枝粗壮，不符合该树形的要求，并且影响前期的产量。基部留枝量在早期以 5～6 个为宜，其中主枝 3～4 个、辅养枝 1～2 个。辅养枝大量结果后要逐年回缩直至疏除，最后控制在 1～4 个。若大枝偏粗，则应加大其角度，减少大枝上的枝量，或在大枝基部采取环剥等措施控制其长势。

（2）注意平衡树势　此树形要求中心干强、直立，主枝单轴延伸、不宜过大，以适应乔砧密植的要求。主枝之间大小比较均匀，相差不明显，但要求基部比上部稍强，从基部向上依次减弱。主枝在中心干上均匀分布，枝多而不密挤。在修剪过程中，要及时控制竞争枝，一般不用竞争枝做主枝，以免生长量过大。其他主枝要开张角度，以控制主枝的粗度和大小。若某一主枝过强，经控制也未能减弱生长势而造成下强上弱或偏冠时，则应疏除过强主枝，用较中庸的辅养枝来代替主枝。

五、"V"字形和"Y"字形

"V"字形和"Y"字形适合宽行矮化砧密植苹果栽培，均需设立支架，具有成形容易、管理简单、修剪轻、用工少、树势稳定、结果早、产量高、品质优良等特点。

1. 树体结构

（1）"V"字形　树体向行间左右两个方向斜向生长，与地面呈50°～60°。中心干上均匀着生30～40个中、小型结果枝组，粗度小于着生部位中心干粗度的1/3，平生或下垂（图6-37）。

▲ 图6-37　"V"字形苹果树

（2）"Y"字形　在主干60～80厘米处留两个斜生的主枝，开张角度30°～40°，方向伸向行间，每个主枝上均匀着生30～40个中、小型结果枝组，粗度小于着生部位主枝粗度的1/3，平生或下垂。

2. 成形过程

（1）"V"字形

第一年：①定植后在1～1.2米处定干，也可不定干。萌芽前，在距地面80厘米至剪口芽或顶芽下20厘米之内，选中心干上朝向株间的芽，每隔10厘米目伤1个芽，呈左右交互排列。②生长季，萌芽后抹除距地面80厘米以内的嫩梢。5月中旬选第一芽萌发的新梢作为中心干的延长梢，如果第一芽梢生长较弱可用第二芽梢代替，并剪除第一芽梢；为保证第一芽梢的生长优势，对中心干上发出的第二芽梢采取重摘心或扭梢等措施控制其长势；在中心干上选择伸向株间的3～4个枝作为主枝，同方位的枝间距保持在20厘米以上。其他枝采取摘心、扭梢等措施控制长势，对过粗、过壮、密挤的枝进行疏间。要求中心干上枝的粗度小于着生部位中心干粗度的1/3。8—9月份将中心干和选留的主枝固定在支架上，树干与地面呈50°～60°角，伸向行间；主枝拉成水平状，伸向株间；其他枝拉成水平或下垂状。

第二年：①萌芽前，对中心干延长枝在饱满芽处轻短截或不短截，从基部20厘米到剪口芽或顶芽下20厘米之间，选朝向株间的芽，每隔10厘米目伤1个，呈左右交互排列。下部选留的主枝长放不剪，其他过粗、过壮、密挤的枝进行疏除或极重短截。②生长季，在中心干延长枝上选择伸向株间的6～8个枝作为主枝，同方位的枝间距20厘米以上。其他枝采取摘心、扭梢等措施控制其长

势，对过粗、过壮、密挤的枝进行疏间。8—9月份修剪同第一年，将中心干和选留的主枝固定在支架上。

第三年：修剪同第二年，当中心干延长头至架面顶端时，缓放中心干延长枝；当中心干延长头超过架面顶端时，回缩到延长枝下部较弱的枝条，使相邻两行树梢间距保持在1～1.5米。

第四年及以后：对结果枝组粗度超过着生部位中心干粗度1/4的进行斜剪法重短截，继续对中心干上新梢和枝条进行拉枝开角、摘心、扭梢处理。

"V"字形也可按高纺锤形进行整枝。

（2）"Y"字形　定植后在80～90厘米处定干。在剪口下20厘米内选2个斜生的强壮枝作为主枝培养。第二年春季萌芽前，除保留2个主枝外，其他枝全部疏除。对选留的2个主枝从第二年开始按"V"字形或高纺锤形的修剪方法整枝。

3. 整形注意事项　伸向行间的分枝要小，伸向株间的分枝可以大一些。在每年的生长季前期（8月份前）保持中心干直立，处于顶端优势地位，后期（8—9月份）将中心干（延长头除外）绑缚于支架上。

第七章

结果枝组的培养与修剪

苹果树的树干（主干、中心干）和骨干枝（主枝、侧枝）构成了树体的骨架，而结果枝组就着生在这些骨架上，由2个以上结果枝和营养枝组成的生长结果基本单位，是苹果抽枝长叶、开花结果的主要部位，它的数量、大小、分布会影响树冠内部的光照、产量和果品质量。

一、结果枝组的类型

结果枝组可依其大小、形态或着生部位等分成若干类型。按枝组大小可分为大、中、小型结果枝组三种（图7-1）。小型结果枝组有2～10个枝条，大部分枝叶分布的空间范围在30厘米以内。小型结果枝组体积小，有利于填补小的空间，在树冠中数量最多，但其枝量少，连续结果能力弱。中型结果枝组有11～20个枝条，大部分枝叶分布的空间范围在30～50厘米。分枝数量和有效结果枝较多，生长健旺，产量高，连续结果能力强。大型结果枝组由多个中、小结果枝组组成，有20个以上枝条，大部分枝

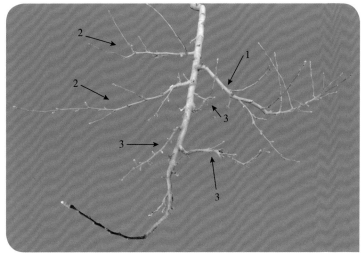

1. 大型结果枝组；2. 中型结果枝组；3. 小型结果枝组

▲ 图 7-1　大、中、小型结果枝组

叶分布的空间范围在 50 厘米以上。其优点是枝轴长，分枝多，能够填补树冠的大空间，连续结果能力强；缺点是延伸较长，枝条不紧凑。

　　按枝轴长短可分为长轴结果枝组和短轴结果枝组两种（图7-2）。长轴结果枝组具有一个长长的明显的主轴，单轴延伸，是由枝条连年长放形成的长型结果枝组。易培养、成形快、小枝多、结果早、产量高、剪口少，同时内部养分运输畅通，能较长时间担负较大的负载量，且有利于缓和树势。高干单层开心形的下垂结果枝组、高纺锤形的结果枝组多采用长轴结果枝组。短轴结果枝组的枝轴较短，单轴或多轴，是由枝条短截后缓放再回缩，或先缓放再回缩而培养成的圆形结果枝组。细长纺锤形小主枝上着生的枝组多采用短轴结果枝组。

按结果枝组的开张角度可分为下垂、平生、斜生和直立枝组四种（图7-3）。直立枝组角度直立，顶端优势强，易抽生直立枝，生长势较旺，应注意控制生长势。平生枝组角度开张，生长势缓和，易成花，结果能力强。斜生枝组的生长势介于直立枝组和平生枝组之间。下垂枝组角度更大，枝势缓和，容易形成花芽，结实能力强。下垂枝组在高干单层开心形树形中应用较多，可以增加结果部位，一般由背上枝或侧生枝培养而成，下垂枝组需不断抬高角度，逐步回缩复壮，以延长枝组的寿命，增强结实能力。

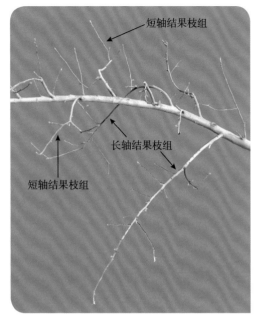

图7-2　长、短轴结果枝组

按着生位置可分为背上、侧生、背下枝组3种（图7-3）。背上枝组位于骨干枝的背上部位，多为直立枝组。背上枝组应以中、小型为主，过大时会影响光照和层间的有效距离。幼树阶段应少留背上枝组，随着树势减弱，可以适当增加，特别是衰老树，多留背上枝组有利更新复壮。侧生枝组位于骨干枝两侧，生长势缓和，角度开张，结果能力强，以中型枝组为主，配合小型和大型枝组。背下枝组位于骨干枝背下，角度开张，生长势较弱，当背上枝组和侧

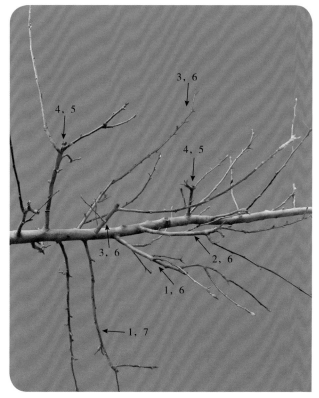

1. 下垂结果枝组；2. 平生结果枝组；3. 斜生结果枝组；4. 直立结果枝组；5. 背上结果枝组；6. 侧生结果枝组；7. 背下结果枝组

▲ 图 7-3 结果枝组按开张角度和着生位置分类

生枝组较大时，背下枝组受光不良，枝组容易衰弱。

二、结果枝组的布置

结果枝组的布置可根据品种、树龄、树形、树势及空间大小情况灵活掌握。幼树期，为了缓和生长势并提早结果，多培养下垂、水平和斜生状态的枝组，以大、中结果枝组为主。到丰产期，为了提高结果能力和果实质量，应适当增加斜生和直立枝组，减少下垂枝组，并逐年过渡到以紧凑并靠近骨干枝的中、小结果枝组为主。丰产期的枝组布置以布满树冠内的空间，不影响通风透光为宜。若大枝组多，则小枝组就要少些，空间大时培养大枝组，空间小时培养小枝组，总之以不空、不挤为原则。主枝上布置适量小型背上结果枝组、少量背下结果枝组、大量侧生枝组。背上枝组要小，以斜生为主，配以平生和下垂枝组。主枝上枝组要均匀分布，大、中、小枝组相间，长短错开，错落有致，力求叶叶见光、枝枝健壮。

树形不同，枝组的类型也不一样。高干单层开心形以大型长轴下垂结果枝组为主；高纺锤形以中、小型长轴结果枝组为主；细长纺锤形树形以中、小型短轴结果枝组为主；自由纺锤形按空间合理布置大、中、小结果枝组。

总之，结果枝组布置应大、中、小枝组相间，相互补缺填空，长轴结果枝组与短轴结果枝组配合，长短错开，达到枝组既排列紧凑，又通风透光，为连年丰产、稳产、优质打下基础（图7-4）。

▲ 图7-4　枝组布置

三、结果枝组培养

结果枝组的培养应根据枝条生长强弱、着生位置、空间大小以及品种的不同区别对待。

1. **长轴结果枝组** 对直立枝或树冠外围生长较壮的 1 年生枝（包括小主枝和主、侧枝头）连续长放几年，经缓放形成花芽，开花结果后以果压枝，压成平生或下垂。每年疏除较长、较壮的分枝，枝组延长头继续长放不剪，枝组结果后不回缩短截，用果台副梢或中庸枝连续甩放延长，单轴延伸，这样即可形成一个长轴结果枝组（图 7-5）。

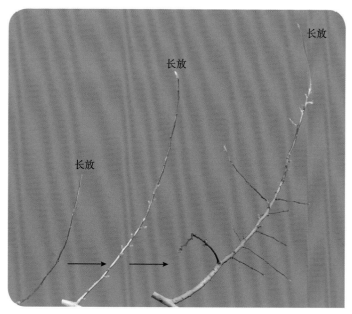

▲ 图 7-5 长轴结果枝组培养

在一般情况下，长轴（原长放枝）上着生很多中、小型结果枝组，应在长轴的前部选择一个向前斜生的中型结果枝组为头，而后对长轴的原头进行回缩；同时，对其上密挤枝和直立的中、小型结果枝组进行疏间或回缩，使之均匀分布、长短错开、健壮生长，培养成为牢固的长轴上有短轴的长形结果枝组；当4～5年后结果枝组衰弱时，应及时选留枝组后部背上或枝组邻近优势枝条作为预备结果枝进行培养，将原枝组逐渐回缩，达到更新的目的（图7-6）。

在培养长轴结果枝组的过程中，若在第一第二年采用刻芽或多道环刻和开张角度的措施，则可缩短结果枝组的形成年限。即在春季对长放枝促发中、短枝。促发中、短枝采用以下两种方法：①多道环刻。于春季，对长放的1年生枝进行多道环刻。

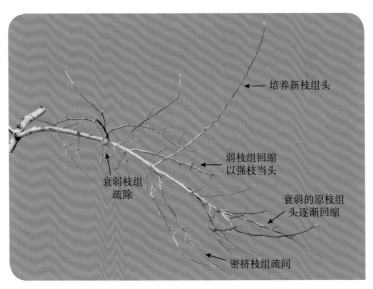

图7-6 长轴结果枝组修剪

②在侧生短枝或侧芽的上方刻伤，促发侧生中、短枝。进行多道环刻或刻伤的时期是春季发芽期至新梢开始生长期。国光品种因刻口愈合较快，可早些；元帅系、短枝红星系刻口愈合较慢，可晚些。当1年生枝上的分枝长度达到5厘米左右时，对1年生枝（背上枝、直立枝或角度不适宜的斜生枝）进行拉枝，开张角度至平生或下垂。

2. 短轴结果枝组　短轴结果枝组有以下几种培养方法。

（1）先放后缩或先扭后缩　冬季对生长中庸或较壮的平斜枝条进行长放，或在夏季对生长较壮的新梢进行扭梢，在见花或结果后再进行回缩，使之成为短轴结果枝组（图7-7）。回缩到分枝处，并分期、分批进行，对生长壮的树，切忌1年内大量回缩，以免因引起枝条徒长而影响结果。

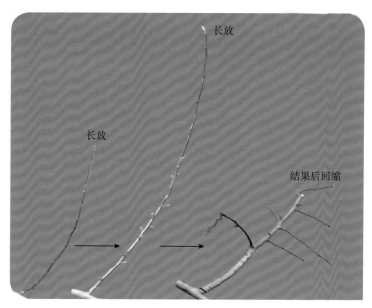

▲图7-7　先放后缩

（2）先截后放 对1年生的中庸或较壮枝条，按主从关系进行不同程度的短截，促其发枝，而后去强枝留弱枝，去直立枝留平斜枝。短截年限应根据情况确定，当枝的大小符合要求时，则进行长放，见花见果后再回缩，将其培养成短轴结果枝组（图7-8a、图7-8b、图7-8c）。

（3）连续短截 对1年生的中庸枝条，每年按主从关系进行短截，增加枝量，培养成短轴结果枝组。此法主要应用于生长弱的树（图7-9a、图

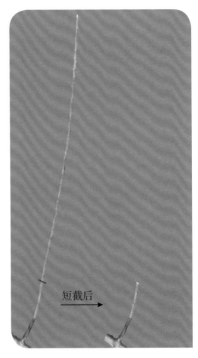

短截后

▲ 图7-8a 先截后放（短截）

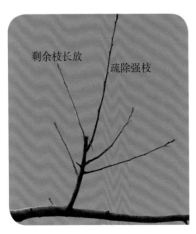

剩余枝长放

疏除强枝

▲ 图7-8b 先截后放（长放）之一

▲ 图7-8c 先截后放（长放）之二

▲ 图 7-9a 连续短截之一

7-9b、图 7-9c）。

（4）连续摘心 冬季修剪时，对需培养枝组的枝条，留基部 1～3 个瘪芽短截。夏季修剪时，对萌发的新梢再留基部 2～4 个叶片，促发短梢。若形成长梢，则可继续留基部 3～4 个叶片摘心。如此反复进行，可培养成短轴结果枝组。国光、王林、元帅系等品种采用连续摘心法较好。

培养结果枝组时，不同树

▲ 图 7-9b 连续短截之二

▲ 图 7-9c 连续短截之三

势采用的方法也应各有侧重。生长较弱的树可采用先截后放或连续短截的方法培养短轴结果枝组；生长中庸的树，以先截后放和先放后缩的方法培养短轴结果枝组为主，辅以长放的方法培养长轴结果枝组；生长壮的树，以培养长轴结果枝组和先放后缩的方法培养短轴结果枝组为主，部分用先截后放的方法培养短轴结果枝组。

四、结果枝组的修剪与更新

结果枝组的修剪应做到"有放有缩有疏，放、缩、疏相结合，以放缩为主"，长放一部分，对中庸健壮枝组长放不剪；回缩一部分，生长势较强枝组回缩以弱枝当头，生长势较弱枝组回缩以健壮枝当头，回缩串花枝减少结果量；疏除一部分密挤枝组和细弱衰老枝组（图7-10）。

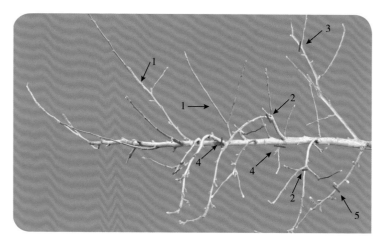

1. 长放不剪；2. 回缩以壮枝当头；3. 回缩以弱枝当头；4. 疏除细弱枝组；
5. 串花枝回缩

▲ 图7-10　结果枝组的修剪

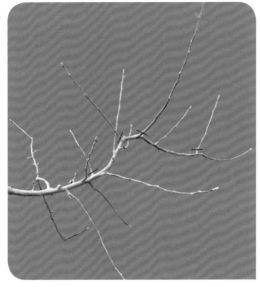

▲ 图7-11 树势壮时结果枝组的修剪

树势和枝势较强时大多长放不剪，减弱生长势；对结果枝组上的1年生枝去强留弱（去强壮枝留弱枝），去直留平（去直立枝留平生或下垂枝），长度大于40厘米的强壮枝疏间，小于40厘米的长枝长放，以减缓枝势，促进成花（图7-11）。

当树势减弱和结果量增加、枝组生长势减弱时，需及时更新复壮。结果枝组更新复壮的要求是疏除一部分多余花芽，合理减少结果数量。对结果枝组上的1年生枝应去弱留强，去平留斜，弱枝及时疏除，强壮的营养枝多长放；结果枝比例过大时，可短截部分长果枝，促生分枝，增加营养枝量；枝头延伸过长的，应选择后部强壮枝当头，回缩原枝头，以达到复壮枝组、稳定结果的目的（图7-12）。生长势极弱的枝组，尤其是小型枝组，因枝组上无较强壮的1年生枝，不能急于回缩，不留果、多留枝叶，培养强壮后再更新修剪。

为了连年丰产，应使结果枝组上的枝条轮替结果。结果枝所占的比例，因品种、树势的不同而异，一般结果枝占总枝数的20%左右为宜。对坐果率低的品种，如普通型元帅系、短枝型元帅系和

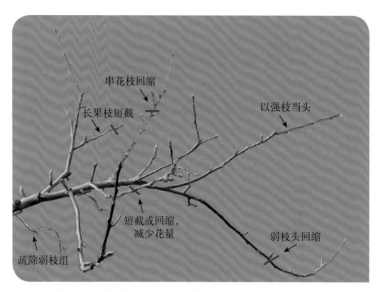

▲ 图 7-12 树势弱时结果枝组的修剪

祝光等可稍多留一些结果枝；反之，如红富士、国光等品种可少留些。同一品种，树势壮的可适当多留结果枝。对多余的结果枝，密者可疏弱留壮，不密者可短截作为预备枝。对枝组上的营养枝，密者可首先疏间生长过壮的枝及弱枝，保留中庸枝。对留下的生长较壮的枝条要有放有截，树势较壮者应多留枝、多长放、少短截（选生长较壮的短截，可多抽生中庸枝），以便缓和生长势，形成花芽。对树势弱的可适当疏间及多短截，以便集中养分增强树势，提高结果能力。

第八章
整形修剪中存在的问题及解决方法

一、干高不合适

1. **主干太高**　一般要求主干高 70 ~ 80 厘米，这样可以改善树冠最下部通风透光条件，减轻最下部果实受地面湿热的影响，又可控制树体高度。整形过程中因定干过高，未采取刻芽等促发枝措施，或下部枝芽受损等时，会致使成形后树体过高。主干若高于 120 厘米，则应重新定干，或在下部缺枝处刻伤，促进发枝（图 8-1）。

2. **主干太低**　若主干太低，则树冠下部通风透光不良，果实着色差，影响田间操作。按树形要求，逐年提高树干至要求高度，疏除最下部生长强壮、角度过小、

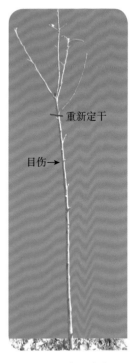

▲ 图 8-1　主干太高

与上面枝间距过小的主枝，每年去除 1 ~ 2 个（图 8-2）。

▲ 图 8-2　主干太低

二、树势不平衡

1. 下强上弱　下强上弱分两种情况：①树体在成形前，过早缓放开花结果，致使上部生长量减小，树体高度不够，形成上小下大、上弱下强的树冠（图 8-3）。尤其是矮砧苹果，过早结果会使树冠上部生长势减弱。矮砧苹果幼树生长强壮，一经缓放很容易形成花芽，结果后生长势很快变缓，成枝力下降。因此，矮砧苹果幼树整形时，首先要培养健壮中心干，在中心干上培养较

▲图8-3　下强上弱

多的中庸分枝后，才可以采取促成花措施。②修剪时基部留枝过多、过大，枝条轮生、中心干掐脖，造成树体下强上弱（图8-4）。

解决方法：控下促上。对下部强枝轻剪长放，疏间密挤枝、轮生枝、重叠枝，防止中心干掐脖；去强留弱，疏除主枝上长度大于40厘米的壮枝，其余枝进行长放不剪，发芽后多道环刻；春季（落花后）对生长较壮的大枝，在基部进行环剥或环刻；7—8月份开张角度较小的枝条，控制其生长，促进成花结果，以果压枝，以果压势。对生长较弱的上部枝采取留饱满芽轻短截、少留果的措施减少上部留果量，促进上部枝条生长（图8-4）。

2. 上强下弱　由于修剪方法不当，上部枝干留枝量大、角度小、中心主枝短截重都会引起上强，应采取控上促下的修剪措施（图8-5）。其方法如下。

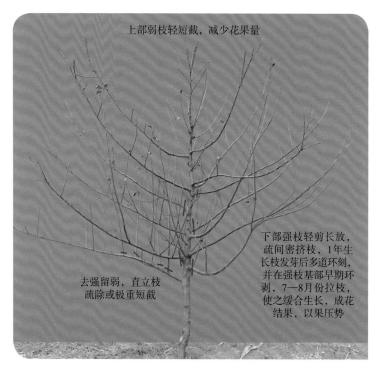

上部弱枝轻短截，减少花果量

下部强枝轻剪长放，疏间密挤枝，1年生长枝发芽后多道环刻，并在强枝基部早期环剥，7—8月份拉枝，使之缓合生长，成花结果，以果压势

去强留弱，直立枝疏除或极重短截

▲ 图8-4　下强上弱（控下促上）

（1）控制生长势强的上部　对角度过小的主枝开张角度，疏间影响下部枝光照的主枝；对过粗过大主枝进行疏除，或在基部进行早期环剥；疏间主枝上长度大于40厘米的枝，对剩余的1年生长枝多道环刻，拉枝开角；多留果，以果压势。

（2）促进生长势弱的下部　下部弱枝可以按主从关系进行部分轻短截，减少结果枝量，少留果，对生长弱的主枝延长头换生长势强的枝当头，促进延长头的生长。

（3）减弱中心干的生长势　树高过高的进行回缩落头，回缩至弱小分枝处，减弱中心干的生长势。春季在中心干上强下弱的分界

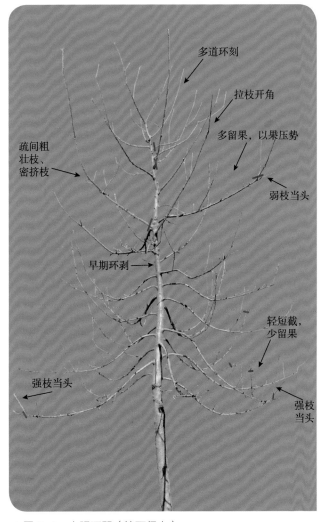

▲ 图 8-5　上强下弱（控下促上）

处，进行早期环剥或环刻。

3. 左右不平衡

（1）个别枝太大，造成骨干枝不平衡　枝过大过粗，可以疏除；角度过小的进行拉枝开角；基部有合适的外侧枝可以回缩，以外侧枝当头（图8-6）。

（2）一侧缺枝造成的偏冠　枝多的一侧，疏除密挤枝，角度小的拉枝开角，生长势强的回缩以弱枝当头，将枝拉向枝少的一侧。枝少的一侧，采用刻伤、剪截长枝的方法，促进枝条生长、补充空位（图8-6）。

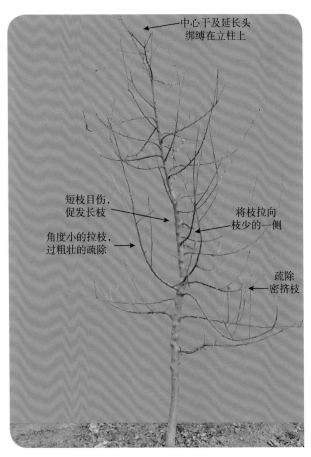

中心干及延长头绑缚在立柱上

短枝目伤，促发长枝

角度小的拉枝，过粗壮的疏除

将枝拉向枝少的一侧

疏除密挤枝

▲ 图8-6　左右不平衡

（3）中心干细弱或多风地区造成的树头歪斜　将中心干及延长头绑缚在立柱上，或回缩换头，换直立向上、生长势强的枝做中心干延长枝，使中心干保持直立强壮（图8-6）。

三、修剪量不适宜

1. 修剪量过大　短截过重，枝条生长返旺，长枝比例过高；短截过多，外围枝密，内膛光照不足，结果部位外移；树势强，结果少，果园郁闭。对于以上几种类型树应以调整生长势及改善光照条件为主，全树轻剪长放。具体方法如下。

（1）开张角度　可用支、拉、外开等措施，其中以发芽后拉枝效果最好。

（2）减少骨十枝量　骨干枝多时可逐年回缩或疏间；树体过高时，逐年落头。

（3）轻疏长放　主枝延长枝以弱枝当头，控制延长头竞争枝的生长；对密挤枝进行轻疏间或回缩，去强留弱，去直留平；对直立枝进行疏间或发芽后进行软化、别枝、拉枝等，长放不打头，多道环刻，减缓生长势，促进成花结果。

（4）培养结果枝组　注意结果枝组的培养，采用连续长放的方法培养长轴结果枝组，采用先放后缩的方法培养短轴结果枝组。疏除过密枝组，使大、中、小枝组合理分布，布满树冠内的空间，通风透光良好。

2. 修剪量过小　有些人对苹果轻剪长放修剪技术没有掌握，或不能因树制宜，把管理粗放、树势衰弱的树或已丰产但树势偏弱的大树也进行长放；有的人认为越轻越好，把轻剪长放变成了"不剪长放"；有的人尝到了轻剪长放的甜头，就多年进行轻剪和长放，不疏枝不回缩。这些不恰当的认识和做法造成了树体过高，主从不明，层次不清，树形紊乱，枝量过大，树冠郁闭；枝分布不合理，树势不平衡；内膛小枝枯死，结果部位外移；大小年结果，果品质量下降等问题。上述状况若长期持续，必然导致病虫猖獗，树势衰弱，甚至全园毁灭。这些状况急需改变修剪方法，对树体进行改造。

（1）落头　为了解决树高遮光的问题，凡树高超过树形要求的都应进行逐年落头，最后落到有分枝处（留跟枝）。上部主枝过大的可通过疏除或回缩进行控制。

（2）调整骨干枝的数量　为了改变内膛光照，复壮枝组，实现立体结果，从树冠的上部逐年回缩或疏除过多过密的主枝、辅养枝。在调整骨干枝数量时，切勿操之过急，避免大拉大砍。

（3）开张角度　角度过小的要利用支、拉或背后枝换头等方法开张角度。

（4）调整枝头　为了解决多年长放或不修剪形成的树冠外围郁闭、外强内弱的问题，要逐年对外围过密的长放枝组进行疏间或回缩，同时对长放枝组上的直立枝和过密枝按主从关系进行回缩或短截，明确枝头。

（5）结果枝组的培养　过密者要疏间，过长的要回缩，严格控制直立枝组的高度和生长势，内膛枝组要先养后缩。各类型枝组每年要长放与回缩相结合，枝组上的中、长枝也要长放与短截相结合，并要注意花芽的留量，克服大小年结果现象。

完成此类树的改造一般需 3 ~ 5 年，切忌一年内修剪量过大，杀伤树势或引起徒长，影响连年丰产。树体改造的程序应是先上部后下部、先大枝后小枝、先外围后内膛，以达到树冠通风透光，骨干枝和枝组均匀分布，树势中庸，花芽适量，连年优质丰产。

四、主从不分

苹果树体结构中，应该侧枝从属于主枝，主枝从属于主干，主从分明，否则会造成树势不平衡，结构混乱。

①侧生分枝太大（图8-7） 若某些主枝过粗过长，则会影响中心干和其他主枝的生长，主枝上的分枝太大，则会影响主枝和其他分枝的生长。一般分枝与上级枝的粗细比例要适宜，如细长纺锤形的主枝与中心干、主枝上的分枝与主枝的粗度比为1:3。对过粗过长枝应逐年疏除，或采取疏间其上密挤枝、去壮留弱，早期环剥，拉枝下垂，多留果等抑制生长的措施。

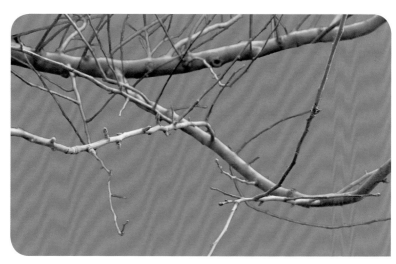

▶ 图8-7 侧生分枝太大

②多头竞争（图8-8）　中心干、主枝、侧枝及长轴结果枝组应有明确的延伸方向，只保留一个枝做延长头。

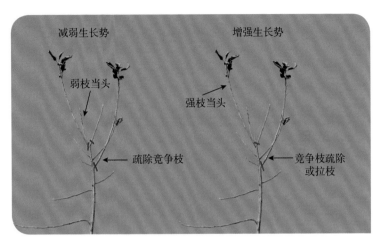

图8-8　多头竞争

五、枝条密挤

大枝太多、密挤，造成树冠内通风透光不良，内膛小枝细弱枯死，大枝下部光秃，结果部位外移（图8-9）。大枝轮生还会影响上部中心干的生长，造成中心干上部生长过弱，树势不平衡（图8-10a、图8-10b）。大枝太多时应逐年疏除。选择过粗过壮、开张角度过小、其上中短枝量少、离地面太近的大枝，以及并生、轮生、重叠枝进行疏除。枝组太密，小枝繁多，同样会造成冠内通风透光不良，果实着色差，易发生病虫害等（图8-11a、图8-11b）。

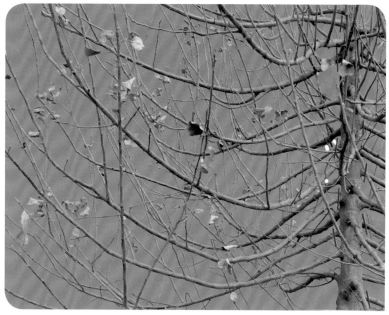

▲ 图 8-9　大枝太多

▲ 图 8-10a　枝条轮生（剪前）

▲ 图 8-10b　枝条轮生（剪后）

▲ 图8-11a 枝组太密（剪前）

▲ 图8-11b 枝组适当（剪后）

六、背上枝处理不当

由于主枝开张角度大或短截过多，主枝背上会萌发很多直立徒长枝。背上枝易生长过旺，若留得太大易形成树上长树现象（图8-12），影响光照；背上枝留的太少，使大骨干枝裸露，阳光直接照射时易发生日灼，使部分树皮干枯，形成干斑；背上枝冬季疏除过多，翌年仍能萌生很多直立徒长枝。对背上枝采用冬剪和夏剪相结合的措施效果较好，即冬剪时疏除生长粗壮而密挤的徒长枝（约1/3），对生长中庸的徒长枝进行极重短截，其余一律长放（图8-13）。发芽后对长放枝进行曲别、软化或拉枝，使其平生，促发出

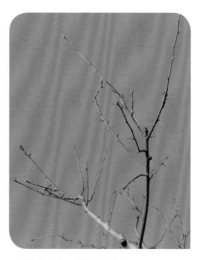

▲ 图8-12 背上枝太大

枝，以利培养枝组。极重短截枝所出的枝条可进行拧梢或摘心，培养小型枝组。当枝密挤时，可疏间背上的枝组或下部的弱枝组，这样经过 2 ～ 3 年的调整，即可使主枝背上的直立徒长枝改变为中、小型结果枝组。

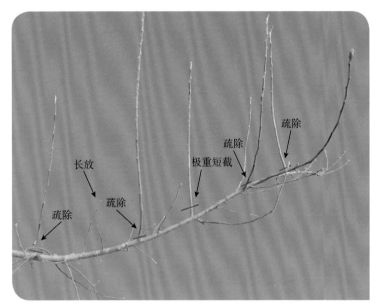

▲ 图 8-13　背上枝的处理

七、果园郁闭

乔砧普通型苹果大多采用乔砧密植栽培模式，株行距大多为 3 米 × 4 米或 3 米 × 5 米，甚至为 2 米 × 3 米。树龄 8 ～ 9 年后，行间树冠基本搭接，进入盛果期后严重郁闭，导致管理困难，人员和机械难以出入；光照不良，花芽不饱满，内膛枝及下部枝逐渐光秃，结果部位外移；病虫害发生严重，果品产量、质量下降，树体经济寿命缩短。生产中可通过间伐和调冠改形等方法进行郁闭园改造，加大树冠行间间距，改善果园光照条件，解决叶幕层过厚引起树冠内部光照不足、影响花芽分化和果品质量的问题。

1. 苹果郁闭园的类型　苹果园郁闭程度可以依据树冠交接率、树冠间距和树冠透光率进行划分。树冠交接率是指株间或行间冠径减去株距或行距的差，占株距或行距的百分率，表示树冠相互交叉重叠的程度，数值越大，树冠相互交叉重叠越多。树冠透光率是指透过树冠的光量占冠外入射光量的百分率，在生长季7—9月份进行测定，数值越小表示树冠透光性越差。

现阶段河北省乔砧普通型苹果郁闭园可分为4类：株间轻度郁闭、株间重度郁闭、全园轻度郁闭和全园重度郁闭。

（1）株间轻度郁闭　株间树冠交接率15% ~ 30%，行间树冠相距大于1米，树冠内膛或下部的透光率小于25%。

（2）株间重度郁闭　株间树冠交接率大于30%，行间树冠相距大于1米，树冠内膛或下部的透光率小于25%。

（3）全园轻度郁闭　株间树冠交接率大于30%，行间树冠相距小于1米，但还未交接，树冠内膛或下部的透光率小于25%。

（4）全园重度郁闭　株间树冠交接率大于30%，行间树冠已交接，树冠内膛或下部的透光率小于25%。

2. 改造目标　株行距改为4米×5米、4米×6米或5米×6米；树形改造为自由纺锤形或高干单层开心形；使树冠透光率大于25%；每亩留枝量6万~8万条；每亩产量2 000 ~ 3 000千克，优质果率大于80%；采用自由纺锤形的行间树冠相距大于1米，采用高干单层开心形的行间树冠交接率小于 15%。

3. 改造方法

（1）间伐　间伐的作用主要是使果园通风透光和打开作业通道，解决果园群体郁闭的问题。如果植株密度降不下来，在高密度果园树体上采取诸如改形、控冠、开角、拉枝等技术措施，都不会取得应有的效果。间伐前首先根据苹果园地形、株行距、郁闭程度、树体生长情况等确定永久株，其余的为间伐株或临时株。永久株的确定可采用隔行、隔株的形式。对于全园重度郁闭的苹果园可采用隔行和隔株的形式选定永久株，例如，株行距由 2 米 ×3 米变为 4 米 ×6 米（图 8-14）；对于株间重度郁闭和全园轻度郁闭的苹果园采用隔株的形式选定永久株，例如，株行距由 3 米 ×4 米变为 4 米 ×6 米（图 8-15）。

间伐可以采取"一次性间伐"和"缓期间伐"两种方式。间伐宜从花果量较多、树势较稳、间伐后对产量和树势影响不大的年份进行。

①一次性间伐　全园郁闭苹果园立即实施一次性间伐，一步到位。全园重度郁闭园需进行隔株间伐和隔行间伐，才能解决果园郁

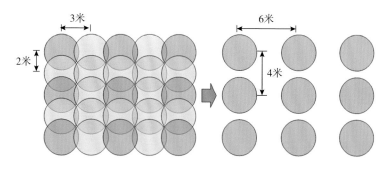

图 8-14　隔株隔行间伐

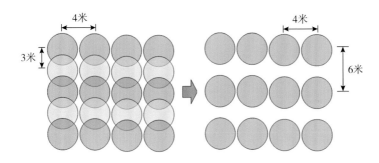

▲ 图 8-15 隔株间伐

闭问题。对于全园轻度郁闭园，有些土、肥、水条件较差或长势比较缓和的品种，只需隔株间伐 1 次即可基本解决郁闭问题。而多数全园轻度郁闭园在隔株间伐 3 ～ 4 年后，还需要隔行间伐，将行距进一步加大，才能解决果园郁闭。

②缓期间伐 株间重度郁闭的苹果园可以实行缓期间伐，在 2 ～ 4 年内完成。间伐前一是要确定永久株和临时株；二是对临时株实行树体控制，修剪时按照临时株给永久株让路的原则，对临时株采取落头、疏枝、回缩等措施，逐年压缩树冠体积；使其既不影响永久株的树体发育和树冠扩张，还能继续保持结果，有一定经济产量；三是对永久株逐年扩大树冠，按照高干单层开心形进行调冠改形，培养稳定的树体骨架结构和结果枝组；2 ～ 4 年后，永久株的树体结构调整完成，将临时株间伐掉（图 8-16、图 8-17）。

（2）树形改造 乔化砧普通型苹果郁闭园改形时，目标树形的确定要根据原有植株的基础树型和树体结构特点、间伐后的株行距、立地条件等具体情况灵活掌握，不可千篇一律和生搬硬套。一般树龄小于 10 年的，树冠内膛枝及下部枝还没有光秃，花芽分化良好，可采用自由纺锤形；树龄大于 10 年的，树冠内

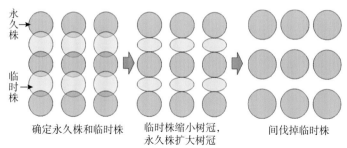

确定永久株和临时株　　临时株缩小树冠，　　间伐掉临时株
　　　　　　　　　　　永久株扩大树冠

▲ 图 8-16　缓期间伐

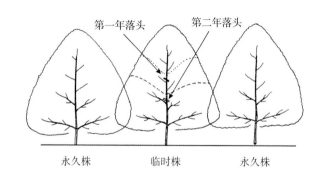

第一年落头　　　第二年落头

永久株　　　　临时株　　　　永久株

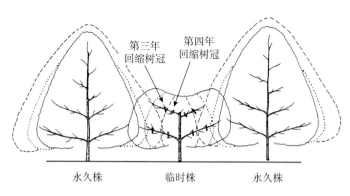

第三年　　　第四年
回缩树冠　　回缩树冠

永久株　　　　临时株　　　　永久株

▲ 图 8-17　永久株和临时株的修剪

膛枝及下部枝已光秃，结果部位外移，应逐渐改造为高干单层开心形。

①高干单层开心形　改造为高干单层开心形的方法请参照本书第六章"三、高干单层开心形"的成形过程中过渡阶段的修剪方法。

②自由纺锤形　疏除着生位置低于干高的主枝。对树冠过高的树逐年分次落头，降低树高，落头的中心干锯口处留1～3个小枝条。开张主枝角度，主枝拉枝至120°，对不易拉枝的，回缩主枝延长枝至下面一个角度较开张的分枝处。逐步疏除主枝上着生的、与主枝粗度比大于1/3的侧枝。改形逐年、逐步进行，3～5年完成。

（3）控制树冠扩张　对株间轻度郁闭园应缩枝控冠，防止树冠扩张，减轻果园郁闭。控冠的作用就是对树冠的发展速度、体积大小、枝叶密度实行整体控制，限制个体植株的树冠体积、枝叶密度在一定范围内，减轻果园郁闭程度。控制树冠扩张时，一是按树形要求选留永久性主枝，对长度超过树形要求的永久性主枝进行回缩换头；二是开张主枝角度，主枝拉枝至120°，对不易拉枝的回缩主枝延长枝至下部一个角度较开张的分枝处；三是对粗度过大的主枝进行疏除，对其他非永久性主枝进行回缩或疏除；四是对树冠过高的树落头，降低树高，打开树体上方的光路。

4. 郁闭园改造时的注意事项　去大枝和落头不能操之过急，要分3～4年逐步进行，否则会造成树体早衰，寿命缩短。要注意保护锯口，及时给伤口涂上防病促愈合的药剂进行保护。加强土、肥、水管理，通过增施有机肥、果园生草等措施培肥地力，促进树体生长和树冠恢复。

第九章
不同类型苹果树的修剪

一、普通型红富士苹果树的修剪

目前，我国栽植的普通型红富士品种较多，有长富2、秋富1、岩富10、2001富士、烟富3、冀红等，它们的生长发育特点基本一致。此类品种的主要物候期介于亲本元帅和国光之间，但与元帅更相近。它们的幼树生长旺盛，萌芽率高，成枝力强；壮枝长放易成花，有一定数量的中、长果枝，且有腋花芽结果习性；坐果率较高，7年生长富2苹果，花朵坐果率23.0%，若花后5天环剥，花朵坐果率可达42.6%；连续结果能力差，长富2苹果连续结果枝占8.1%，隔年结果枝占71.0%。富士系苹果旺幼树停止生长晚，易抽条，抗寒性较差；盛果期以后果枝易衰弱，并易出现大小年结果现象，且易感染枝干轮纹病。

对于普通型红富士苹果，冬剪时对长枝进行长放，可以加快树冠扩展、增加枝量，长放比短截可多出枝62.3%。长放枝的中、下部易出现光秃带，如果于发芽后配合多道环刻等增加枝量的措施，可使中、下部出枝。经调查，长放枝加多道环刻可比长放枝及短截枝多出枝46.5%和139.2%，另外成花量也显著增加。

对串花枝进行回缩可以提高坐果率，经调查，对串花枝留1、2、3个花序进行回缩修剪，花朵坐果率分别为38.2%、26.6%、21.1%，且果实成熟时发现留1个花序处理的果形端正，留3个花序的果实偏斜。

普通型红富士苹果的修剪要点：幼树期宜用截放修剪法适当疏枝，严格控制直立枝的生长。为了早结果和丰产，在幼树生长壮的情况下，当拉枝后株间相差1米左右搭接时即采用长放修剪方法，并配合夏剪，如多道环刻（或发芽前刻芽）、拉枝、环剥（生长过旺幼树需在6月上旬和7月上旬各剥1次）等措施，促进出枝、成花、结果。对于没有花的壮幼树，于盛花后3～6周和10～12周各喷1次40%乙烯利200倍液，单株枝量，中、短枝的比例和翌年的单株花芽量均有所增加。

5年生以前，生长旺盛的幼树在春季易发生抽条现象，轻者部分枝条抽干，重者地上部枝条全部干枯死亡。为了防止抽条，在9月下旬对未停长的新梢进行摘心，促进新梢成熟。抽条严重的地区，可同时采用地膜覆盖和喷布保护剂的措施。对已抽条的幼树，应根据不同情况进行冬剪和夏剪，使之尽快恢复树冠。

在初结果和盛果期间，切忌修剪过重，以免枝条旺长而影响结果、降低产量。为了提高壮果台枝上果实的单果重，在落花后5周左右对果台副梢留20厘米摘心。

盛果期修剪时，要及时回缩或疏间下垂枝和辅养枝，并适当疏除过密枝，使每亩枝量保持在8万左右，以使改善冠内的光照条件，促进果实着色。对生长弱的枝组要进行复壮或更新。同时，要调整花量，疏间过密的果枝，剪截中、长果枝，使叶芽与花芽比保持在 3 ～ 4:1。生长季加强疏花疏果工作。为了促进果实着色，9 月上旬进行秋剪，对树冠已搭接的树，将全树所有 30 厘米以上的新梢（包括密处和直立新梢）疏除或进行极重短截，外围和需延伸生长的新梢，保留 2 ～ 3 个芽，对无果的下垂枝进行回缩，对有果的下垂枝回缩到有果枝处，并去掉果实附近遮光的叶片。

二、短枝型苹果树的修剪

短枝型苹果品种主要有富士系的石富短枝、宫崎短枝、福岛短枝、惠民短枝等；元帅系的新红星、超红、艳红、首红、阿斯、俄矮2号、矮鲜、瓦丽矮红等；金冠系的金矮生、矮黄等。

短枝型苹果品种树体较矮，树冠紧凑，适于密植；幼树生长旺盛，结果后生长势迅速下降；枝条萌芽率高，成枝力差；枝条直立且粗壮，节间短；以短果枝结果为主，结果早（图9-1）。

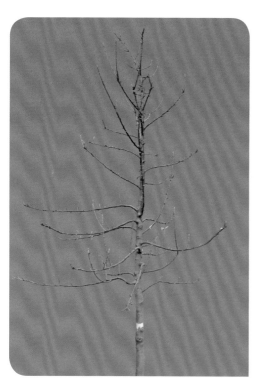

▲ 图 9-1 短枝型富士苹果树

新红星枝条轻截后萌芽率为 71% ~ 83%，成枝率 15% 左右。在河北省中南部，新红星比元帅成花结果早，3 年生幼树开花株率达 45.7%；幼树期坐果率偏低，6 年生树的花朵坐果率为 11.0%；花后 5 天、15 天、25 天在树干上各环刻 1 次，花朵坐果率可提高到 18.2% 以上。新红星果台副梢较短，连续结果能力差。新红星苹果旺幼树不易成花结果，盛果期以后树冠内膛及大、中枝的后部果枝易死亡而形成光秃带。金冠系短枝型苹果幼树易成花且结果早。

短枝型苹果树适宜培养低干、矮冠、低级次、小树体的树形，如细长纺锤形、自由纺锤形等。定植后 2 ~ 3 年间，按主从关系短截所有长枝头，以促发长枝，扩大树冠；同时要注意将大枝角度开张到 70° 左右。对生长壮的幼树，当新梢生长到 30 厘米左右时摘心，促发分枝，增加枝量。3 年生后需扩大树冠者，宜用截放修剪法，同时在发芽后 10 天左右，于长放的壮枝中部环刻 1 ~ 2 道，待发枝后再拉平，以缓势增枝。缺枝处可用刻伤的方法促发长枝，填补空间。若株间将近搭接，不需扩冠者，则应采用长放修剪法，为了使长放枝增加枝量，特别是增加长枝量，应对长放枝采用环刻 1 ~ 2 道或刻伤法促发长枝，并注意开张角度。骨干枝开张 70°，辅养枝 6 月份开张到 90°。对于不易自然成花的旺长幼树，特别是元帅系短枝型品种，可在树干或主枝上于盛花后 25 天开始环刻，10 天环刻 1 次，每次环刻 1 圈，共环刻 3 ~ 5 次。因元帅系短枝型品种伤口愈合能力较差，剥口不易愈合，一般不环剥，若采用环剥技术，剥时应留安全带，剥后用塑料布条包扎，这样伤口需 15 天左右愈合。对于树壮、肥水条件好的果园，也可于剥口愈合后再进行一次环剥，以利形成足量花芽、实现早果早丰。

短枝型品种结果后易早衰，丰产后要注意加强肥水管理，调整花果量。元帅系短枝型的初果期树坐果率较低，应及时采用环刻或环剥措施提高坐果率。

三、"大小年"树的修剪

多数苹果园的产量不稳定。这种产量的不稳定性往往带有规律性和有节奏的起伏性，当这种起伏性超过一定标准时，即可认为出现了大小年现象。衡量大小年的标准很多，常用以下计算方法：

大小年幅度＝（连续两年产量之差／连续两年产量之和）×100%

当幅度为 0 时，表示两年产量相等，无大小年现象。当幅度为 100% 时，即某年无产量，为完全大小年。一般来说，果树连续两年的产量相差 20% 以上，就认为出现了大小年结果现象。

大小年结果不是苹果固有的特性，它的出现主要是由于不正常的气候条件及不合理的栽培技术引起的。如修剪不当（长期长放修剪，结果过多）和树体衰弱影响了花芽的形成，或冬季修剪只考虑解决光照问题，大落头、重回缩，修剪量过大，剪去了大量花芽，且翌年营养生长过旺，坐果量下降，都会形成小年。反之，若花芽形成时的气候条件适宜或采用了环剥等成花措施产生了大量花芽，翌年气候条件适宜，又不采取疏花疏果措施就形成大年。

导致苹果园出现大小年现象的因素很多，但主要是缺乏科学管理，若能采用适宜的修剪和疏花疏果措施，加强综合管理，是可以克服大小年结果现象的。

1. 大年树　大年树花芽量过多，为了减少花芽和改善通风透光条件，对密处的辅养枝及花芽过多的各种枝组进行疏间或不同程度的回缩。当骨干枝生长较弱时，也可回缩。

　　就枝而言，果枝密者可进行疏间。为减少花芽，增加营养枝，可对中、长果枝进行短截。大年的树上花芽较多，有的在冬剪时不易辨认，因此，可在春季花芽膨大时进行花前复剪。对生长较壮的1年生发育枝进行长放，促进成花，为增加翌年小年时的花芽；对元帅系等不易形成花芽的品种，上一年（小年）已长放1年的壮枝还要继续长放，促其形成花芽，待翌年（小年）即可结果。另外，对于生长势较强的大年树，可在树干、中心干或部分大枝的基部，于5月下旬至6月上旬进行1次环剥或2～3次环刻（视品种而定），促进花芽形成。使大年不大且当年还能形成适量花芽的措施，除上述修剪外，还必须配合疏花疏果、加强水肥管理等工作才能收到最佳效果。

　　2. 小年树　小年树的特点是花芽量过少。为了尽量多保留花芽，在枝组不过密的情况下，对有花芽的结果枝组应推迟疏间和回缩的时间。为了避免当年形成过多的花芽，对上年因结果过多、今年无花的各种结果枝组（包括主枝上的中、小型结果枝组），可视其生长情况进行较重的回缩。全树总剪量要大些，以便促其营养生长，从而减少花芽的形成量和明年大年的结果量。

　　就枝而言，在小年，对有花芽的果枝一律保留不短截，使之开花结果，以便提高小年的产量。对生长较壮的1年生发育枝，若是易形成花芽的品种，则可多短截，促其营养生长，防止形成过多的花芽；若是不易形成花芽的品种，为使此枝在下一个小年结果，则可连续长放两年。

　　为了增加小年树的坐果数量，应适时采用提高坐果率的技术措施。如落花后5天左右对果台副梢摘心，对乔砧普通型苹果壮树落花后5天左右环剥1次或环刻3次（元帅系品种等），花期进行授粉等。

四、弱树的修剪

盛果期外围延长梢年生长量不足20厘米的为生长衰弱的树。苹果树生长衰弱的原因很多，一般是地力不足、土肥水管理较差、结果过多，以及病虫为害等造成的。要复壮其生长势，必须在加强土、肥、水、疏花疏果、病虫害防治等综合管理的基础上，搞好修剪工作。要使骨干枝直线延伸，其延长枝就要在饱满芽或壮短枝处剪截，调整角度过大的骨干枝。适量疏除花芽、控制留果量以助树势。少疏枝，适度回缩，1年生枝去花芽留叶芽、留饱满芽短截，可促生壮枝，复壮树势。切忌修剪过重，特别要避免过多疏间、过重回缩大枝或枝组，以免过度减少全树的枝叶量，造成伤口过多，使树势进一步衰弱（图9-2）。

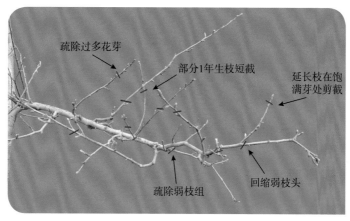

疏除过多花芽

部分1年生枝短截

延长枝在饱满芽处剪截

疏除弱枝组

回缩弱枝头

▲ 图9-2　弱树修剪

五、矮砧密植苹果树的修剪

20世纪初，苹果普遍采用大冠稀植栽培模式，大冠稀植的缺点：大冠树单株占地多，树冠成形晚，结果较晚，成形前长期浪费行间、株间的空地和空间，土地利用不经济；树冠大，光照不均匀，同一树上果实品质差异大；管理耗费劳力多，投资收益回收慢。近年来，随着经济的发展和栽培技术的进步，苹果矮砧密植栽培得到较快发展。目前我国生产中采用的矮化砧木主要有国外选育的M.26、M.9-T337、B9、Mark等，以及国内选育的SH3、SH6、SH38、SH40、GM256、辽砧2号等。栽植方式采用宽行距、窄株距的长方形栽植方式，依据砧木的致矮程度及品种特性等，株行距一般为0.8～2.5米×3.3～5米。采用高纺锤形或细长纺锤形的宽行密株的矮砧密植栽培模式具有早果、早丰、丰产稳产，果实品质好，管理容易，有利于机械化作业，更新品种及恢复产量较快，土地利用率高等优点，充分体现了树体结构级次少，修剪简化省力，光能利用高，优质丰产稳产，适于机械化、规模化、集约化生产的树体特点。根据矮砧苹果的生长特点及矮砧密植栽培模式的要求，修剪时应注意以下几点。

第一，树冠叶幕要薄，宜培养高纺锤形、细长纺锤形树形、"Y"字形或"V"字形等。为了高效利用光能、果实品质高及利于机械化作业等，叶幕厚度应小于190厘米。根据株距和枝条的生长长度及时采取拉枝开角、摘心、以果压冠等措施控制枝条的延伸，以防树冠过大。

第二，矮砧密植栽培采用的树形一般只有中心干和枝组2级结构，修剪时一是要加强中心干的培养，保持中心干强壮。在成形前，中心干上可适当多留枝，以促进中心干的加粗生长。二是要防止分枝过粗过大，保持适宜的枝干比，使分枝小型化，如高纺锤形适宜枝干比为1:3。在树体进入压冠期时，对中心干上过粗过大的分枝及时疏间。

第三，修剪手法简化，在培养强壮中心干的同时，只需注意枝组的培养和更新，采用连续长放、先放后缩的方法进行枝组培养，衰老后重短截更新。

第四，矮化密植苹果应重视夏季修剪，特别是砧木矮化性不强的苹果园，更应该利用夏剪控制树势和培养枝组。

第五，矮砧密植苹果早果、早丰性好，进入大量结果时间较早，应该较早地调整树体生长和结果之间的关系。在成形前，控制树体的结果量，尤其是树冠中、上部的结果量，以防树势减弱，形成小老树。在树体近成形时或成形后，要及时采取成花坐果措施，以果压冠，以防生长过旺，树冠交叉郁闭。

第六，宽行密株的矮砧栽培模式果园，树与树连成了一道结果墙（图9-3），修剪时要注重群体，弱化个体，一株树结构不完整，可以由邻近的树来弥补，使群体保持完整。

▲ 图9-3　宽行密株矮砧苹果